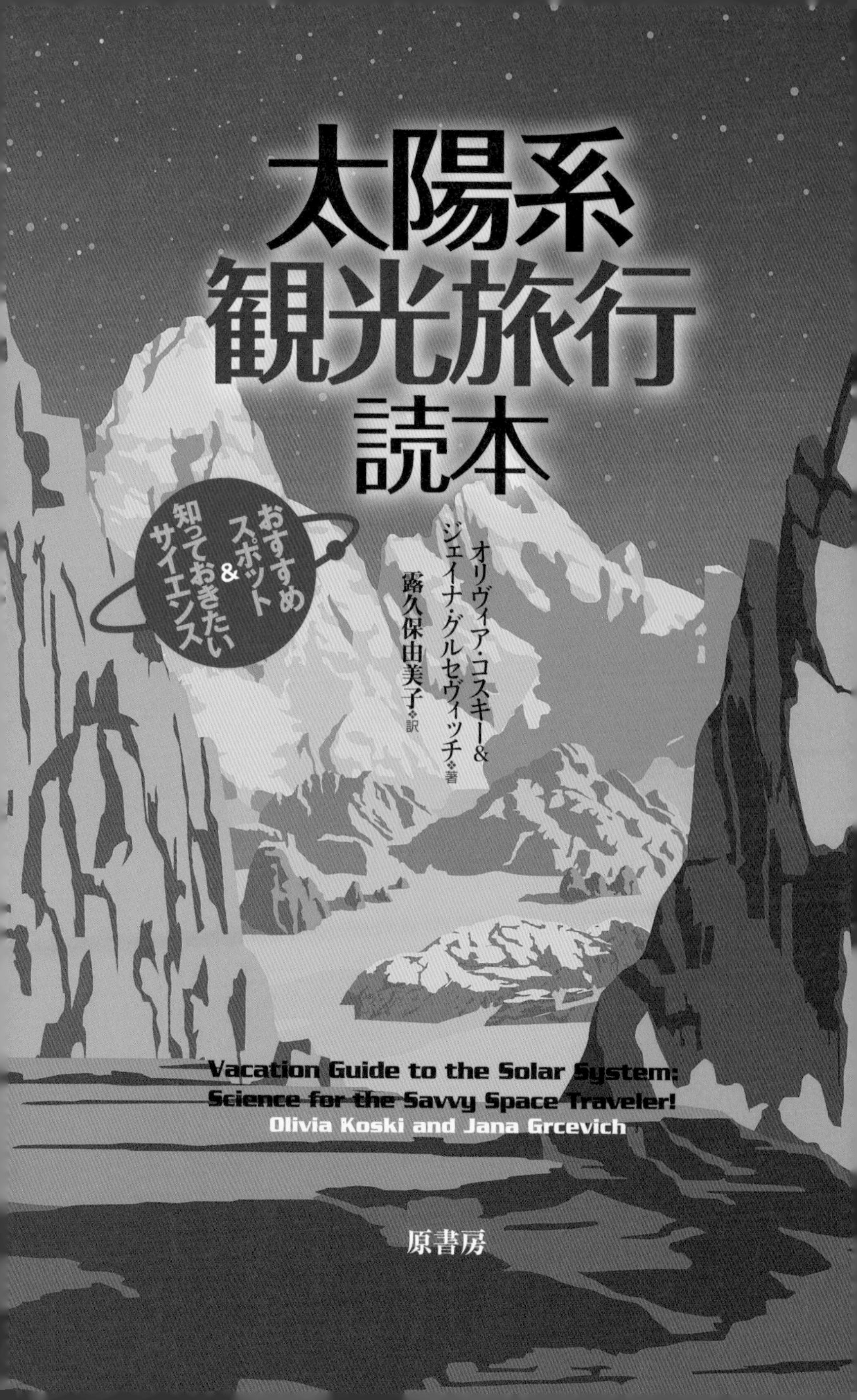

太陽系観光旅行読本

おすすめスポット&知っておきたいサイエンス

オリヴィア・コスキー&ジェイナ・グルセヴィッチ❖著
露久保由美子❖訳

Vacation Guide to the Solar System:
Science for the Savvy Space Traveler!

Olivia Koski and Jana Grcevich

原書房

◉目次

［……］は訳者による注記である。

はじめに

AUTHORS' NOTE

人類が地球とは別の世界（月）に最後に降り立ったのは1972年のこと。以来、誰もその地さえ踏んでいないのに、惑星への観光ガイド本を出すことがなんになるのかと首をかしげる人もいるかもしれません。けれど、宇宙で休暇を過ごすなど夢のまた夢とあなたがもし考えているなら、思い出してください。100年前には飛行機が最先端のテクノロジーだったことを。当時の高速機は時速200キロほどの〝猛スピード〟を出すことができました。そのとき宇宙旅行者がいたなら、海王星まで行くのに2571年かかったことになります。それが1989年には、宇宙探査機ヴォイジャー2号が時速約6万8000キロで飛行し、12年足らずで海王星に到達したのです。となれば今から100年後、海王星までどれくらいで行けるようになっているのかは誰にもわからないではありませんか。ひょっとしたら、宇宙でバカンスを過ごしているあなたの曾《ひ》孫が火星の古い図書館でこの本を見つけ、私たちの描いたあまりに単純な未来像に思わず微笑んでいるかもしれないのです。

人類が自ら滅びるのがまだまだ先の話だとすれば、いずれ私たちはこの本で取り上げる星々に行くことになります。それはまず間違いありません。適切なリソースと、何よりその気があれば、きっと遠い世界を訪れることができるでしょう。人類が月や火星に行くといった今話題にされていることの一部は、たぶん今後数十年のうちに実現します。もちろん、たとえば木星付近の強烈な放射線や、水星の太陽に面した過酷な側の環境、あるいは外部太陽系への長旅に人体が耐えられる方法を見つけるには、もっとずっと時間がかかるかもしれません。また、人類の生存が現実的でない遠い惑星については、場合によっては探査機や探査ロボットを使ったバーチャル体験がまだ続いている可能性もあるでしょう。

私たちは——正真正銘、本物の——宇宙旅行代理店です。皆さまに休暇を宇宙で過ごしていただこうという提案をしております。このガイドブックは、それぞれの目的地についてできるかぎり最良の情報を基に作成しています。厳密に言えば、私たち自身はここで紹介するどの観光地にも行ったことはありません。けれど私たちには、それぞれの説明が正確だと裏づけてくれる頼もしい情報源があります。この本のなかでは、地球以外の惑星や衛星に建物や都市、人間の作ったインフラが存在するといった脚色を施しています。もちろん実際には、探査機やローヴァー（探査車）および軌道衛星の残骸と、おそらく月面で白く色あせているはずの6枚の星条旗、そしてちょっとしたスペースデブリ（宇宙ゴミ）をのぞけば、ほかの惑星体に人間が作り出したものは存在しませんし、月を別にすれば、人の足が地球以外の世界に触れたことはありません。ただしこうしたフィクション部分はすべて科学技術の最新の知見に立脚したものであり、皆さまが観光で訪れた折に実際に体験するであろう事柄をわかりやすく説明するために盛り込んだものです。

では、何が本当で何がそうでないかはどう見分ければよいのでしょうか？　たとえば温度や1日の長さ、気候などの自然特性について、私たちは最新の科学研究に基づいたデータを活用し、物体の運動についても物理学にのっとった説明に努めています。また、ミッション（宇宙探査任務）、探査機や着陸船、特定のローヴァーに触れた部分は事実であり、描写している景色も実際どおりです。地名は主に国際天文学連合の基準に従いつつ、読みやすくするために、できるかぎり一般的な名称を使うことにしました。一方、創作上の表現の自由の特権から、理論的に可能性のある範囲内で脚色している部分もあることを最初にお断りしておきます。たとえば地下や空中に都市があったり、その星特有の噂があったりする部分です。あるいは、ローヴァーや潜水艦、飛行船、ホヴァーカーなどの乗り物をレンタルするとしている点や、ある種の環境にさらされても人が生きていられるとしていたり、太陽系内のさまざまな場所に簡単に行き来できるように書いていたりする点も同様です。

創作上の脚色はさておき、私たちは今、宇宙探検ブームの始まりを迎えようとしています。わずか数年前の2011年にゲリラ・サイエンス社が一般向けに宇宙旅行のプランを立てる〈インターギャラクティック・トラベル・ビューロー〉の最初の期間限定店をオープンして以降、近隣の惑星に関する人類の知識量は信じられないほど増えています。科学ミッションのおかげで冥王星、土星、木星からは画像が届くようになり、はるかかなたの彗星にまでロボットが着陸しました。太陽系外惑星という、遠い恒星のまわりをまわる謎の世界が数千も発見され、さらに多くの惑星が発見されるその時を待っています。しかし、そうやってほかの世界について知れば知るほど、私たちはこの広い宇宙のなかにある自分たちの星についてつくづく考えるようになりました。ほかの惑星がどんな環境にあり、そこで人間が生きるにはどれだけものすごい手段が必要かを掘り下げて調べれば調べるほど、私たちは思わずにはいられません――この地球がいかに稀少で貴い星であり、未来の世代のために地球の環境を守ることがいかに大切かということを。そうです。人類が宇宙旅行に行くその目的は、今の地球に差し迫った数々の社会的問題や経済的問題、環境問題を解決するのと矛盾するものではありません。いやむしろ、私たちが帰る場所をいつまでも持てるように、この惑星を守ることがどれほど重要かを明確にしてくれるとも言えるでしょう。

科学者は地球外の星について新しい発見をしつづけ、いっぽう私たちは、人の生命に唯一適している星を守るための道を必死で探しています。そんななか、起業家たちは宇宙旅行を実現する方法を考えはじめています。イーロン・マスク率いるスペースX社は現在は国際宇宙ステーションに物資を届けていますが、ゆくゆくは火星に人を送り込みたいと考えています。ほかにも、リチャード・ブランソンのヴァージン・ギャラクティックやジェフ・ベゾスのブルー・オリジンなどの企業は、どこが最初に民間人を宇宙の入口に連れていくのかを競い合っている最中です。またワールド・ヴューという企業は、観光客に丸い地球を実感してもらうために高高度気球から地球の湾曲を見せたいと考えていますし、ビジネスホテル業界の大物ロバート・ビゲロウ率いるビゲロウ・エアロスペースは、地球を周回する膨張式ホテルの部屋の貸し出しを目指しています。宇宙観光産業はすでに夢物語ではありません。こうしたパイオニア的企業が実在しているのです。皆さまが宇宙に観光の旅に出るのは、もう時間の問題と言えるでしょう。

さあ、宇宙船があなたを待っています。

カウントダウン

COUNTDOWN

私たちが住むこの地球のちっぽけな大地から夜の空を見上げてみましょう。未来の冒険、未来のリラクゼーション、未来のロマンスが見えてきませんか。あの光の点のひとつひとつがあなたのバカンスの候補地です。さて、あなたの希望の行き先はどこでしょう?

この旅は、あなたを地球から何百万キロ、あるいは何十億キロも連れ出すことになるでしょう。地球から出たことのない私たちには、そのとてつもない距離の先にある楽しいバカンスの地と私たちとのあいだに立ちはだかるものなど「何もない」と言われても、すぐにはピンとこないかもしれません。また、旅は旅する人によってそれぞれ違うものです。ですからあなたの旅がどうなるかを予測することは私たちにはできません。けれどお約束できることがひとつあります。それは、宇宙の旅に出たあなたは今とは違うあなたになる、ということです。肉体も、人生観も、宇宙についての理解も、旅に行くことで永遠に変わるはずです。

あなたが行くのは見知らぬ場所でありながら、どこか懐かしい場所でもあります。宇宙と時間に対する地球中心的な概念は、もっと大きな物理的秩序のリズムへと変わるでしょう。1日の長さはずっと長くなるか、短くなるかもしれません。1年、つまり太陽のまわりを1周するのにかかる時間は、人の一生の何倍にもなる可能性があります。足下には、踏みしめる地面はないかもしれません。異星の地であなたは高くそびえる火山に登るでしょう。深いクレーターの底から星を見上げ、不思議な色の雲に覆われた空を飛ぶでしょう。そしてそのとき、地球での生活の心配事はたぶん消えています。自分のちっぽけさに向き合ったあなたの顔は、きっと笑っているはずです。

心配は御無用。あなたが太陽系でゴージャスな休暇を過ごせるよう、私たちが全力をつくします。このガイドブックは特別な休日を送るためのものですが、作りとしてはごく普通の構成をとっています。まずは基本事項として、トレーニング、荷造り、微小重力環境での健康と生活の基本についてお話しします。そしてそのあと、具体的な旅行プランについて見ていきましょう。太陽系の全惑星とその他保養地について、地球に一番近いところから遠いところへと順にご紹介します。まずは月。次に水星、金星、火星へと続き、そのあと外部太陽系の巨大惑星――木星、土星、天王星、海王星――へと進んでいきます。最後に冥王星についてもざっと取り上げる予定です。冥王星は現在は惑星とはみなされていない星ですが、昔も今もすばらしい観光スポットであることには変わりありません。このガイドブックには、出かけるのにベストなタイミング、到着したときに予想されること、着いてからの時間の過ごし方についてのさまざまな情報を盛り込んでいます。ぜひ参考にしていただければと思います。

皆さまはタイタンのメタンの湖をセーリングするかもしれません。あるいは火星のマリナー峡谷の崖を懸垂下降し、はるか遠いエウロパの氷の下にある海にダイビングすることもあるでしょう。そのとき私たちは、異星人であるとはどういうことかをようやく理解するのではないでしょうか。結局、私たちは地球で生きるようにできています。そして、自分が人間であるということを再認識するには、広大な宇宙の空間で長期の休暇をとるのに勝る方法はありません。

O_2

旅の準備

PREPARING FOR YOUR TRIP

宇宙旅行は、行こうと決めた次の日に出発するわけではありません。厳しい訓練が必要です。荷物は少なくしなければなりません。そして本気であることが求められます。もちろん、本当は何をしたところで、初めて地球を離れる心の準備などできるものではありません。でもだからこそ、あなたは行こうと決めたはずです。

飛行前訓練

あなたの体は、生まれてからずっと地球にいることで形づくられてきました。宇宙旅行で経験する新たな肉体的・精神的感覚に耐える備えをするには、フルタイムでの訓練が必要になります。この苦難を受け入れてください。旅を無事に乗り切れれば、その記憶は一生の懐かしい思い出になります。出発前にちょっとがんばっておけば、大事なこと――くつろぐことと楽しむこと――に集中できるようになるのです！

旅の目的地によって、訓練には数か月から数年かかります。次に挙げるのはアメリカ航空宇宙局（NASA）が定める宇宙飛行士の資格です。かなり厳しい条件となっているので、一時的な旅行者には現実的ではないでしょう。ですからこれらはあくまでも旅を検討する際の参考とお考えください。けれどもどうかご安心を。あなたがこの資格を満たしているかどうかに関係なく、休暇に出かけられる方法を私たちが全力でお探しします。

●**視力**――視力は両眼とも１・０以上。ただし矯正視力も可。たしかに昔は裸眼で1・0以上の視力の持ち主だけが宇宙旅行の対象でした。ですが今はレーザー手術ほかによってより幅広い層がこの基準を満たすことができます。

●**血圧**――すわった状態で上が１４０、下が90を超えないこと。地球の重力下では絶えず引っ張られる力に逆らって循環系が血液を押し上げているので、この下向きの重力がない空間では血液が頭に向かってまるで突進するかのようになります。そのため出発前の血圧が良好であるほど、荘厳な眺めを前にしても心臓発作を回避できる可能性が高まります。

●**身長**――１４５センチ以上１９０センチ以下。飛行機に乗る背の高い人が全員証明しているように、万人に快適な座席を設計するのはむずかしいものです。もっとも、NASAの身長基準は昔ほど厳しくはなくなりました。1960年代には、宇宙飛行士は183センチ未満でなければなりませんでした。NBAのバスケットボール選手はほとんどが失格でした。

軍隊式水中サバイバル――重さ約13・6キロの戦闘装備を身に着けて水中で生き延びる心得があれば、不時着の備えになります。

スキューバライセンス――サンゴ礁の海に潜ろうというわけではありません。これは宇宙遊泳の備えとして有効なのです。圧縮空気供給源を使って水中で呼吸する方法をマスターできていれば、真空空間で空気タンクを使った呼吸にもすぐに慣れるでしょう。

水泳試験――フライトスーツとテニスシューズを着用したまま25メートルプールを止まらずに1往復半する。これで旅に必要な体力があるかどうかがわかります。

耐圧試験――減圧チャンバーと加圧チャンバーでさまざまな気圧に身をさらす。旅行中は居住空間と宇宙服が危険なレベルの高圧と低圧からあなたの身を守ってくれます。とはいえ、出発前に気圧の大きな変化に慣れておくことで、方向感覚を失う症状にも順応できます。

重力訓練――20秒間の無重力状態を1日に40回体験する。微小重力環境は、航空機で大きな放物線を描いて飛ぶことでシミュレーションできます。この訓練で航空機が放物線を下降するとき、機内では浮遊状態で30秒弱を過ごすことになりますが、上昇中は通常よりも強い重力を体験します。いわゆる「嘔吐彗星」に乗ってこの目のくらむ飛行を乗り切れれば、おそらく毎日の無重力も乗り切ることができるでしょう。

●**中性浮力訓練**――地球上で微小重力環境をシミュレートするなら、水槽を使うのが最善の方法のひとつです。水槽では浮きも沈みもしないようにおもりを装着します。

荷造り

旅行の予約も、飛行前訓練もおすみですか？　では今度は荷造りです。月への小旅行の場合をのぞき、宇宙旅行はかなりの長期間におよびます。ロケットの打ち上げは安くはありません。絶対に持っていかなければならない物は何かを真剣に考えましょう。旅の最初の立ち寄り先である地球上空の軌道に達するには、あなたと荷物を最低でも時速2万7000キロほどで宇宙空間に打ち上げなければならないのですから。

スペースシャトルの頃は、地上約400キロの軌道をまわる国際宇宙ステーションに荷物を持っていくのに、1ポンド（約450グラム）当たり1万ドル以上かかっていました。飛行機で50ポンド（約23キロ）のスーツケースを預けるときの40ドルなどどうということもない値段に思えてくる値段です。最近は安くなってきてはいるものの、どんなに裕福な宇宙旅行者も物理法則は尊重しなければなりません。予備の靴下は本当に必要ですか？　1オンス（約28グラム）荷物を軽くすれば625ドルの節約になるというのに？

というわけで、すべての旅行者が検討すべきことをいくつかリストアップしてみました。

●**マジックテープ**――宇宙船のキャビン内をふわふわと逃げていくペンを50回も追いかければ、粘着マジックテープの価値がきっとわかります。

●**ダクトテープ**――アポロの宇宙飛行士はこの万能テープを使って月面車のフェンダーを修理しました。

●**救急用具**――基本的な包帯、薬、軟膏のほか、外傷の治療と手術のための医療品も必要です。どんな事態にも備えておきましょう。船内で旅仲間の盲腸をとらなければならないとき、ベストな外科医はあなたかもしれません。

●**タオル**――微小重力下で水をこぼしたら、浮遊している水滴が遠くに離れていく前に急いでつかまえなければなりません。

●**石鹸**――それほど頻繁に入浴はしないでしょうが、もし石鹸を持っていくのなら、微小重力下での液体石鹸は厄介なものです。絶対に固形にしましょう。

●**顔拭きシート**――顔の脂を拭きとってもよけいに脂が出るだけなのですが、多くの宇宙旅行者は肌を汚いままにしておくのに耐えられません。

●**ドライシャンプー**――このパウダー状のシャンプーは水を無駄にせずに頭皮の脂を吸収してくれます。

●**衣類**――細菌や臭いなどのさまざまなスキントラブルを減らすための衣類を最優先に選びまし

ょう。

●**カメラ**——もし月で撮った自撮り写真で地球の友人をうらやましがらせられないなら、なんのためにわざわざ宇宙旅行に？　というわけで、過酷な環境に耐える耐久性に優れたカメラを手に入れるべきです。

●**ノートパソコン**——故障を防ぐために耐放射線モデルを検討してください。

●**歯ブラシと歯磨き剤**——どんな歯ブラシでもかまいませんが、宇宙での歯磨きは地球での歯磨きとはかなり違った作業になります。まず、水を入れた袋をそばに持っておきます。歯ブラシに水をつけると毛が水を吸い上げるので、あとはブラシに歯磨きペーストを少しつけ、袋の水を少しだけ口に含んでから歯を磨き、最後は全部飲み込んでしまいます。この間、何も漂っていったり口から何かが漏れてしまったりしないようにすること。

●**下着**——きれいな下着を身に着けるほど気持ちのいいことはありません。宇宙ではあまり着替えができないので、この単純で快適な行為を出発前にできるだけ堪能しておいてください。ただし日本人宇宙飛行士の若田光一氏は、銀が注入された抗菌下着を国際宇宙ステーションで2か月間着用しつづけ、なんの問題もありませんでした。

●**パジャマ**——快適なパジャマは温度調節と精神的健康のための必需品です。

●**スポーツウエア**——骨粗しょう症を防ぐため、運動は頻繁にすることになります。

●**おしゃれ着**——スカートやワンピースは身に着けて楽しいものですが、映画『七年目の浮気』

で地下鉄の通気口の上に立つマリリン・モンローのように、絶えずスカートを押さえておく羽目になるでしょう。

●**ジュエリーとアクセサリー**——持っていくなら、あまりそこらを浮遊しないようなものにすること。チョーカーやスタッドピアス、裸足の足を見せつけるアンクレットなどがおすすめです。電気のショートを避けるために、揺れるタイプのピアスやイアリング、ロングネックレス、また導電性金属でできたものは避けてください。

●**土産物**——普通、土産物は旅行中に買うものですが、宇宙旅行ではあなたが持参したものが土産物になります。地上ではありふれたアイテムが、宇宙に〝行った〟あとは大事な記念の品になるからです。国際宇宙ステーションでは、個人用キット（ＰＰＫ）という約６８０グラムまでの物を入れられる７・６センチ四方ほどの袋が割り当てられます。ジュエリーや写真、旅を記念するワッペンを入れるのがやっとの大きさです。長期の旅では割り当て分がさらに小さくなる可能性もあります。

荷造りの際には、地球上ではほぼ無制限に吸える空気が宇宙には存在しないことをお忘れなきように。持っていく所持品が多くなるほど、水や空気を供給したり廃棄物を処理したりする生命維持システムのスペースが少なくなります。

宇宙服

荷物のリストは人それぞれですが、宇宙旅行者なら必ず必要になる服があります。宇宙服です。宇宙は人体にとって過酷な空間であり、そんななか、宇宙服は人の生理機能に適した「ミニ環境」を作り出してくれる、いわばウェアラブルな宇宙船なのです。

すべての宇宙服は給水と温度調節の機能、呼吸用の空気タンク、放射線の遮蔽性を備えていなければなりません。また優れた宇宙服であれば、微小隕石、つまり弾丸よりも猛スピードで飛んできて、あなたに致命的なダメージもあたえかねないあの厄介な宇宙の小石のちょっとした衝撃にも耐えることができます。

こうした先進技術はすべて高価です。アメリカ連邦航空局承認の船外活動ユニット（船外活動用の宇宙服）の費用はおよそ２００万ドルからとなっており、ＮＡＳＡは在庫品の維持だけで毎年何百万ドルも費やしているほどです。宇宙服はモジュール式なので、節約のために友人とパーツを共有し、交換して装着することもできます。旅行プランによっては、異なる大気や温度、気圧、重力に対処できる別の宇宙服が必要になるかもしれません。

より快適な――しかし実験的な――選択肢としては、体にフィットする「バイオスーツ（BioSuit）」があります。これは体とスーツとの隙間を空気で満たすのではなく、皮膚に快適な圧力を電気機械的にかけるものです。体を動かすと回路の編み込まれた先端繊維に体がほどよく圧迫され、真空環境でも最大限の動きやすさを手に入れることができます。

宇宙服を買う際にはサイズとフィット感に特に注意を払い、宇宙の虚空を模倣した真空チャンバーで全身をテストする必要があります。動きまわったときにきついところがあってはなりません。松葉杖のように腋の下に食い込むのはもってのほか。そうした部分を「侵入地帯」と呼びますが、股の部分はとりわけ男性にとって最大の侵入地帯となります。膝の裏と肘の内側は問題の起きやすい箇所なので、やはりその感触にも注意を払いましょう。

グローブはぴったりフィットして、手首が自由に動かせなければなりません。指先は先端に届き、指の股の部分には余裕があること。グローブが役立たずのボールのように膨らむのを防ぐパームバーに締めつけられないように気をつけましょう。性能テストでは、グローブを着けたままで握力や動きの正確性、力をどれだけ発揮できるかを評価します。グローブがどんなものか感触をつかむには、いくらか膨らんだ風船に手を入れてルービックキューブの面をそろえてみるとよいでしょう。

宇宙飛行で予想されること

飛行機に乗っているとき、赤ん坊の泣き声や失礼な乗客や狭苦しい座席に耐えなければならなかったことは、たぶんあなたもこれまでに1度や2度は経験されているでしょう。宇宙船に乗るのはジェット機に乗るよりも爽快ですが、もっとつらいことでもあります。慣れない環境で、会ったばかりの人たちとともに体の変化や過酷なスケジュールと格闘することになるからです。しかも、ずっと故郷と呼んできた惑星の、あのほっとする引力がないのです。

◎重力

よちよち歩きの頃から、いわゆる「1G」のなかにいるとはどういうことかを、あなたは直感的に理解していたはずです。地球があなたを――そしてあなたが地球を――絶えず引っ張る力は、私たちが「当たり前」の重力と考えているもの、100パーセント当てにできるものです。自分の体重をニューヨークで量っても東京で量っても――移動するあいだに間食するかどうかで多少の増減はあるにしても――同じ値になると誰もが信じています。ところが、宇宙空間やほかの惑星や月ではそうはいきません。高重力や低重力、微小重力、人工重力と折り合っていく必要があります。

◎強いGの力

空に打ち上げられるとき、あなたは地球の重力の2倍から3倍の、くらくらするような力でシートに押しつけられることになります。まるで高速回転で遠心力を引き起こす遊園地の乗り物に乗っているような感じです。この旅で体験する1Gより大きな力のほとんどは、完全に順応可能な、どちらかというと楽しいものではありますが、Gの力が少し度を超しはじめたときの前兆は知っておくにこしたことはありません。

目、それも特に網膜は、強いGで起きる血流の変化に非常に敏感です。目がかすみ、グレイアウトと呼ばれる色覚の喪失が起きて、視界が白黒テレビ番組のようになるかもしれません。次にやってくるのは視野狭窄《しやきょうさく》（トンネル・ヴィジョン）で、狭窄がさらに進んでガンバレル・ヴィジョンという状態になることもあります。さらにはブラックアウトと呼ばれる、完全に目が見えなくなる症状まで進む場合があり、Gによって引き起こされる意識消失のために失神することさえありえます。しかしGの増加があまりにも急激な場合、何かおかしいと気づく前に失神している可能性もあります。

ただし、Gの力が体におよぼす影響は姿勢によっても変わってくることを頭に入れておきましょう。頭から足の方向に加速されると、胸から背中の方向に加速されるよりも体への負担はずっと大きくなる可能性があります。宇宙船のシートの背が打ち上げ時には地面と平行になっているのはそのためです。

出発までの数週間で耐G動作の練習をしておきましょう。まず、腕、脚、胸、腹などの筋肉を激しく収縮させます。そして大きく息を吸い、「ヒック」と発声して気道を閉めます。そのまま3秒間いきんで、素早く息を吐いてください。これを繰り返しましょう。この動作は、強いGがかかるなかで意識を保つために脳が血液を必要とするとき、体内の別の部分で血液が貯留するのを防ぐ助けになります。

◎微小重力

打ち上げから約10分後、ロケットの燃焼が終わり、鉛のような重い感覚が羽毛のような軽い感覚に変わります。安全が確認されてすぐにシートベルトをはずすと、あなたの体はふわふわとシートから離れていくはずです。ようこそ無重力の世界へ！

この地球周回軌道では、あなたは微小重力のなかにいます。大気圏を出たからといってすぐに地球の重力がゼロになるわけではありません。これが高度約400キロ、ニューヨークからワシントンDCほどの距離だとしたら、引力はまだ地表の引力の9割程度はあります。もしそこまで高い塔を建てることができ、そこから飛び降りたとしたら、岩のように地面に落下してしまいます。しかし、今あなたと宇宙船は時速2万7000キロ以上の高速で地球を周回しています。もし落下しても、地面への衝突が避けられるだけのスピードが出ているのです。つまり、あなたと宇宙船は同じ速度でいっしょに落下しているので、無重力に感じるというわけです。

微小重力は人体に奇妙な作用をおよぼします。宇宙空間で過ごす最初の数日間、あなたは「ファットフェイス・アンド・チキンレッグ」症候群［一般的には「ムーンフェイス」と呼ばれる］に悩まされるかもしれません。体が従来の重力に逆らって体液を押し上げようとするために、顔がむくみ、脚が細くなるのです。ただしもしあなたが「もう少し背が高ければ」とふだんからお悩みでしたら、うれしいお知らせもあります。この症状では脊椎骨の隙間が体液で広がるため、背も伸びるのです。

◎低重力

太陽系のすべての衛星といくつかの惑星は、地球よりも低重力の環境にあります。あなたの足どりは軽くなり、というか軽すぎて、うまく歩いたり走ったりできるようになるまでは多少の違和感があるかもしれません。低重力の世界では、たとえば上にあがったボールはなかなか落ちてきませんし、ゴルフで４００ヤード（約３６６メートル）のショットを打っても快挙とは言えません。逆に、ジャグリングをしたりちょっとジャンプをしたりというささいなことが驚くべき行為となります。一部の小惑星や彗星では、ぴょんと跳んだが最後、そのままはるかかなたに飛んでいってしまうかもしれません。そんな世界で、あなたは日常生活をこなしていくのです。

◎人工重力

宇宙空間にしても、ほかの惑星や衛星にしても、私たち人間に適した重力を得ることはむずかしいようです。高重力は人の感覚を乱し、損傷を引き起こす可能性があります。低重力の衛星に長く滞在すると、骨が弱くなるかもしれません。また、自然な微小重力環境下では、筋萎縮を防ぐためには1日2時間の運動が欠かせません。

　そうした運動に代わる選択肢として、人工重力があります。仕組みは簡単。宇宙船を巨大メリーゴーラウンドのようにくるくると回転させるのです。回転する宇宙船の外縁部が人工重力ホームの床になるというわけです。重力の強さは宇宙船のサイズと回転速度によって決まります。

　人工重力とひとくちに言っても、質の良いものとそうでないものがあります。最高の人工重力は、頭でも足先でも同じように感じられます。そうした自然な重力の感覚を得るには、気づかないほど低速で回転する巨大宇宙船を使うのがいちばんです。それよりも小さな——つまり安上がりな——宇宙船では、回転速度を上げることでサイズのみすぼらしさを埋め合わせます（ただしその場合、多くの人はめまいを起こすでしょう）。骨が衰えてもいい、ろくなるのが嫌なら、たまに人工重力を受ける必

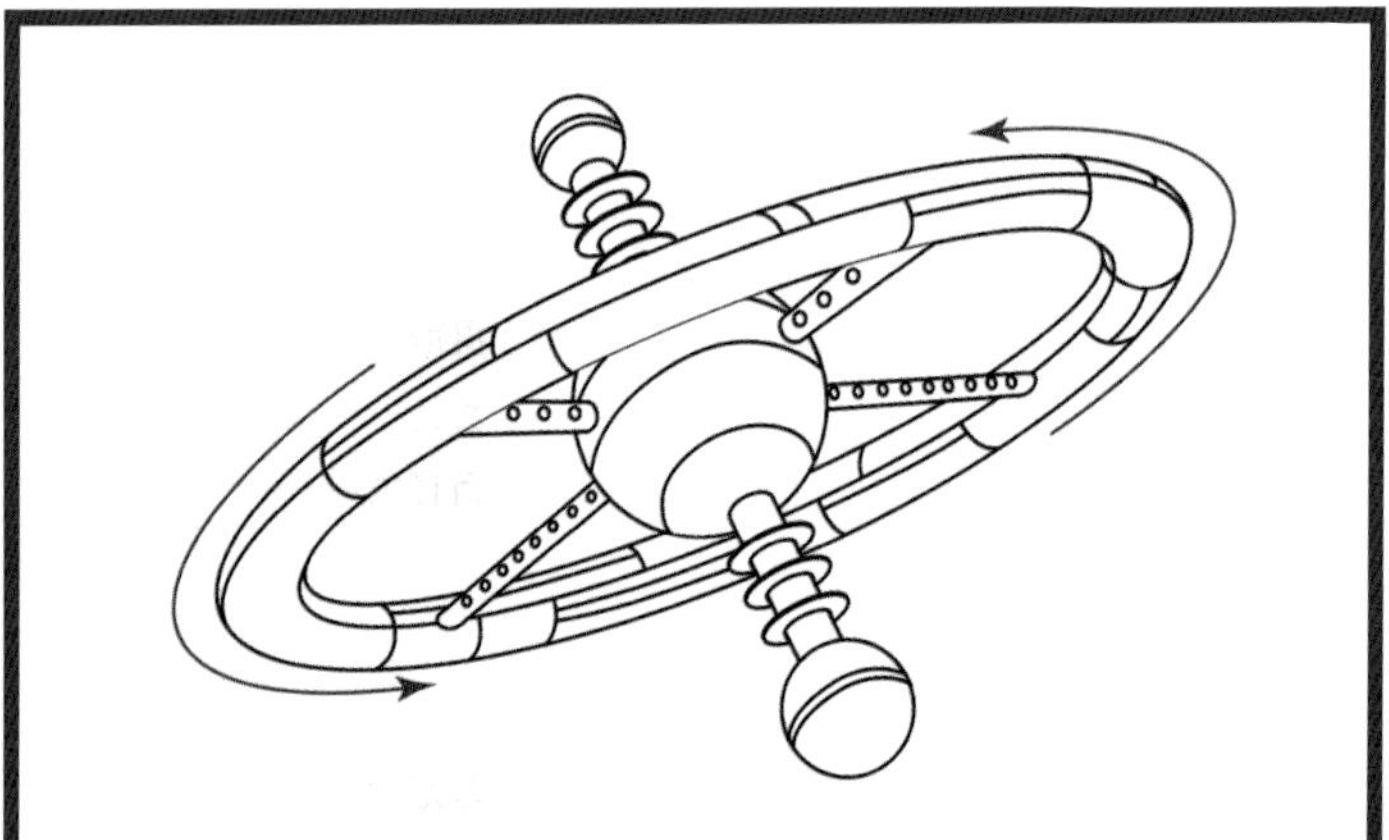

NASAの初期の回転式宇宙ステーション構想

要があります──たとえ予算なりにしても。

宇宙での生活

未体験のタイムゾーンや料理、気候に自分がどう順応していくかをつねに予測できるとはかぎりません。感覚を混乱させる環境下では、睡眠や食事や入浴といった一見すると単純な作業が、はじめはとてつもない重労働に感じられることがあります。単純な宇宙遊泳にも空気タンクの充塡や制御システムのチェック、宇宙服に漏れがないかの点検を慎重に行なわなければならない状況では、休息と運動と栄養は必要不可欠なものです。病気によるミスが生死を分けることもあるかもしれません。

宇宙酔い

宇宙に着いた人はほぼ全員が吐き気に襲われる。時化《しけ》の海に慣れているような鋼鉄の胃の持ち主でも、宇宙酔いは避けられないだろう。だから打ち上げの前にはタンパク質を少しだけ摂取するにとどめ、シートベルトでできるだけ体をぴったり固定しておこう。宇宙空間に入ってから最初の数日間は、あまり頭を動かさず同じ方向を向いておくこと。また、神経系が順応するまでは無重力で宙返りするのは控える。抗ヒスタミン剤同様、宇宙酔い止めの薬やパッチは効果があるかもしれない。エチケット袋を持ち歩くのを恥じることはない。ふわふわ浮かんだ吐瀉物を始末するほど最悪なことはないのだから。あなたひとりではないから大丈夫。大勢の宇宙飛行士が宇宙で盛大に吐いてきた。

◎食品と栄養

正直なところ、宇宙での食事はおもしろいものではありません。低重力による鼻づまりで嗅覚があまり働かなくなるため味を感じられず、まるで風邪をひいたときの食事のようです。でも心配は御無用。水でもどせるパウチ状の乾燥食品にはすぐに慣れてしまいます。辛いソースを加えれば風味づけにもなるでしょう。それに、昆虫を食べるのさえ楽しみになる可能性もあります。昆虫は効率のいいタンパク源で、長距離のフライトでは飼育も可能です。特別なときには水分の多いハウストマトやパリパリのレタスを調達できることもあります。とはいえ、それ以外はほぼ毎食、カロリーの高い固形食品を食べることになるでしょう。また、食べ物の種類がかぎられているため、ビタミン剤で補う必要があります。

宇宙での料理は苦行です。低重力では直火や電気コンロは危険なので、もっぱら電子レンジと電磁調理器を使うしかありません。また、乾燥した食品やドリンクを散らかさずに水でもどせるようになるには多少の練習も必要です。パンのくずや液体が漂って目に入ったり、電子機器に入ったりしないともかぎりません。

飛行中は、飲み水や、汚れを落としたり歯磨きしたりする水、さらにはトイレで出した尿さえも蒸留システムで処理し、再利用します。宇宙船内での湿気の一因になっている汗や息も、凝縮して再利用されます。こうしたシステムの定期的な点検は重要です。おしっこ味の水なんて誰も飲みたくありません。

◎睡眠

宇宙で眠るのは、独特ではありますが癒やされる体験です。経験豊富な多くの旅行者が、微小重力は最高のマットレスだと言います。枕は必要ないし、宇宙船内であればほぼどこにでも頭をあずけることができます。安眠するには、適当な壁の一画と、寝袋と体を固定するストラップさえあれば十分。上も下もありません。好きな姿勢でおやすみください。もしかするとゾンビのように腕が自然と前に垂れ下がり、頭が少しばかり前に傾く人もいるかもしれません。ここで寝つきのよい人にはひとつだけ注意を。疲れているときは体を安定した物に必ず固定すること。さもないと「寝落ち」したあとにふわふわとそこらを漂い、どこか

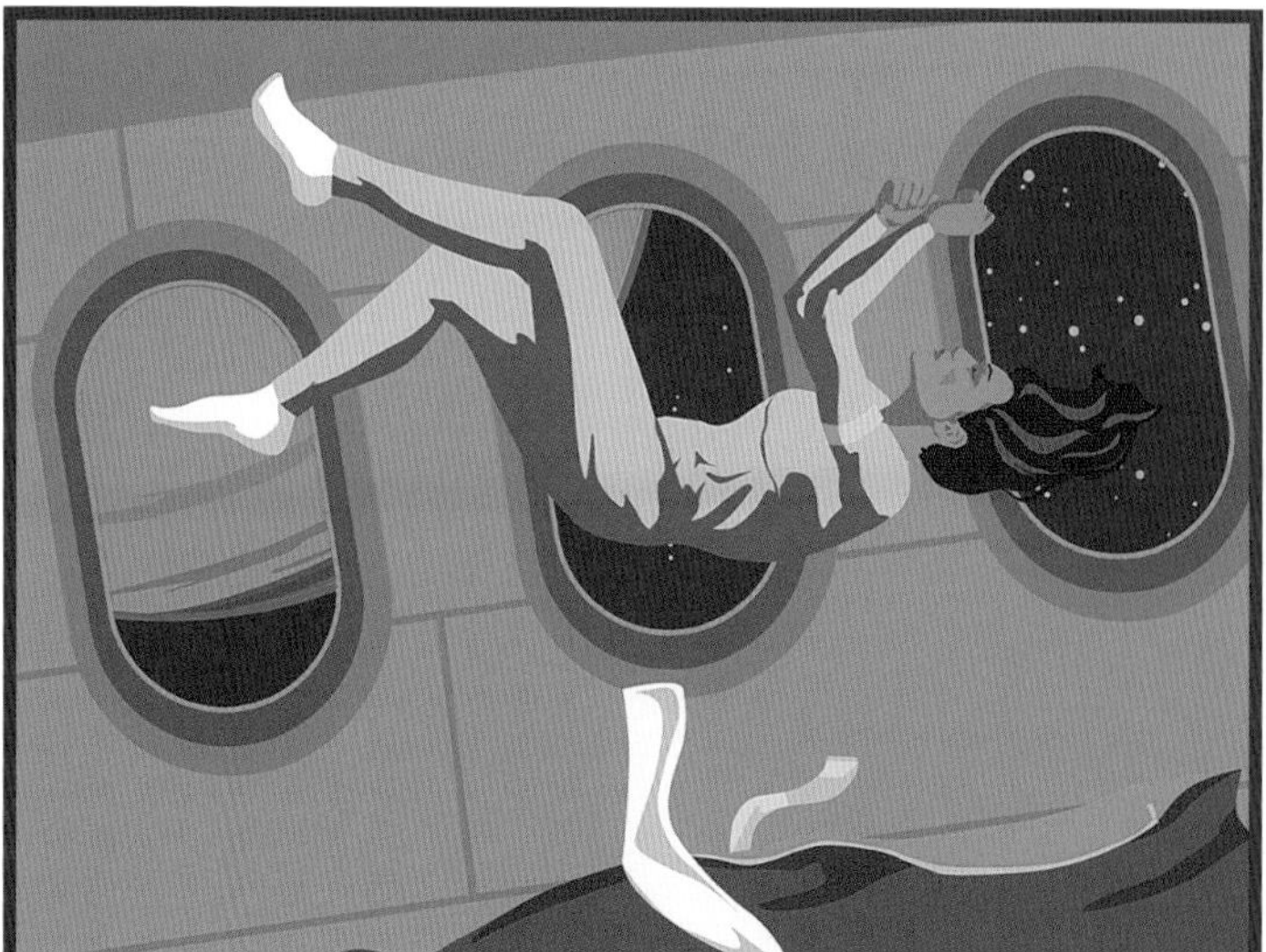

に頭をぶつけてしまいます。

目を閉じてだんだん眠りに入っていくと、明るい閃光に気づくかもしれません。これはパパラッチのフラッシュではなく、眼球の内部を勢いよく進む宇宙線です。なんとなく落ち着かないかもしれませんが、そうした粒子ははるか遠くの銀河からやってきて、まさに自分の目のなかに飛び込んで天寿を全うしたのだと思えば、あなたも安らかに眠れるのではないでしょうか。

さて、性的な行為について手短に触れておきます。あなたのいつもの手順も、宇宙ではひと筋縄ではいかない場合があることを理解しておいてください。ほんのわずかつついただけでも体ごと吹っ飛んでしまうかもしれないので、愛する人に寄り添うベストな方法を見つけ出す必要があります。多くの人はイライラするのでひとりで眠りたがるものですが、むしろこれは新たな胸躍るチャレンジと考えるべきです。

◎視力

微小重力は眼球に望ましくない影響をおよぼすことがわかっています。視神経が腫れ、眼底を圧迫して視界がぼやけるのです。また、体にあらわれるほかの変化と違って、目は地球に戻ってもその変わってしまった形状を保つ可能性があります。重症になると視力矯正が必要になるかもしれません。

「目に何か入った」からなのか実存的恐怖のためなのかはさておき、誰でもときどきは思い切り泣く必要があります。ただし涙はポトリと落ちず、目のなかにたまっていくだけです。ご心配にはおよびません。涙の玉を拭き取って、浄化を堪能してください。

◎**衛生状態**

宇宙船内部——快適な約22度に保たれている——の除菌・濾過された空気のなかではあまり汗はかかないはずですが、個人の衛生基準については意識を変える必要があります。宇宙では、衣類は地球にいるときほどすぐには汚れません。宇宙では衣類を長持ちさせなければならないので、これは好ましいことです。長い旅では、使用する水は最小限に抑えるか、ウェットティッシュを使いましょう。長期間シャワーなしですませることもあります。ただし洗わずにいると衣類は5日ほどで人の分泌物がたっぷり染み込んでそれ以上は吸

洗濯物！　宇宙では船外に投棄するだけ！

収できなくなり、皮膚はかたくなって悪臭を放ちます。ですが、さいわいなことに人の嗅覚は非常に適応力に優れています。

服や下着を替えたくなるでしょうが、着替えはかえって皮脂の分泌を刺激します。できるだけがまんしてください。8日くらい経つとその状態にも慣れ、においは知覚のかなたへと消えていくでしょう。それでも耐えられなくなったら、国際宇宙ステーションの宇宙飛行士のように船外に投げ捨ててください。

◎トイレ

宇宙で用を足すのは少々練習が必要です。慣れるまでは慎重に行なってください。低重力下のトイレは、排泄物を無事に誘導するため吸引式となっています。尿は水回収システムにまわされ、便は取りのぞかれます。長旅で自給自足をするなら便は肥料にまわしてもよいでしょう。なお、これはすぐにお気づきになるでしょうが、重力の助けがない宇宙空間では、それらを体外に排出するには地球上よりも少し時間がかかります。

◎メンタルヘルス

窮屈な住居での長い船旅では、誰もが自分の限界を試されます。ご心配なら「サブスクリーン(SUBSCREEN)」という評価テストを試してはいかがでしょうか。これは潜水艦の乗組員が海底で何か月も過ごすのに向いているかどうかを判断するために、１９８０年代から用いられているテストです。心配はいりません。97パーセントが問題なく合格しています。ただし長旅は精神に不可解な影響をおよぼすこともあるのは事実なので、精神面の定期的な健康診断は欠かさないようにしてください。

◎**放射線**

国際宇宙ステーションの宇宙飛行士は、主に地球の磁場によって宇宙放射線から守られています。宇宙放射線は人のＤＮＡを変化させて細胞の損傷を引き起こしかねず、この損傷が癌につながることもあります。また、「宇宙脳」として知られる重大な脳障害を引き起こす可能性もあります。症状としては、不安、うつ状態、決断力の欠如、記憶障害などです。仲間の誰かの行動が少しおかしくなりはじめたように感じられたら、検査を受けさせる頃合いかもしれません。そうしたリスクを避けるには、遮蔽性の高い宇宙船と宇宙服を手に入れるのが一番です。

◎**死亡リスク**

宇宙で死に至る原因はさまざまあります。地球を発つ前に身辺整理をしておきましょう。ここでは死のリスクを一部紹介します。

● **酸欠**――人体は酸素の持続的な吸入を必要としており、赤血球はこの酸素を使ってエネルギーを生み出しています。地球以外の惑星にも酸素はありますが、人間がそのまま吸入できる状態では存在していません。

●**減圧**——圧力が急激に下がる急減圧は、ときに命取りになります。

●**有毒ガス**——多くの惑星と衛星では、大気そのものが皮膚への過大な刺激となったり、ひどい火傷の原因となったりする可能性があります。

●**生きたまま焼かれる**——宇宙船内で火災が発生したら、多くの場合、逃げ場はありません。

●**転倒**——上下のない微小重力下では転倒はけっして危険なものではありませんが、低重力環境では転んだだけで怪我をすることがあります。

●**うっかりどこかに置き去りにされる**——緊急避難は前例のないことではありませんし、「多数の要求は少数の要求に勝る［『スタートレックII／カーンの逆襲』のミスター・スポックの台詞《せりふ》］」場合があります。置き去りになったひとりのためにみんなが救出に来てくれるとはかぎりません。

●**食料不足**——宇宙空間や地球外環境で食物を育てるのはむずかしく、食料備蓄に関してのミスを許容する余裕はまずありません。

●**凍死／低体温**——寒冷気候といえば多くの人が外部太陽系の惑星をまず連想しますが、大気のない環境では、太陽の近くであっても日陰の温度は急激に低下することがあります。

●**骨が減る**——いつも運動していないと骨は着実に弱っていきます。

●**爆発**——たとえ小さな爆発でも、あっという間に宇宙船を破壊する大惨事につながることがあります。

●**原子力事故**――外部太陽系への長旅のあいだ明かりをつけておけるのは原子力のおかげですが、これは同時に、原子力事故が起きる可能性も否定できないということです。

●**小惑星衝突**――飛来してくる小惑星については、衝突のずっと前に気づくことが望ましいのですが、宇宙ではあらゆることが起こります。

月——クレーターを見にいこう

月

MOON

太陽系に衛星《ムーン》は数あれども、そのなかで「ザ・ムーン」と呼ばれるものはただひとつ。地球の衛星、月にほかなりません。月は、地球が誕生して間もなく火星サイズの天体が地球に衝突して形成されました。壊滅的な衝突によって溶けた岩が宇宙空間に飛び散り、やがて円盤をなして、ついにはそれ以降ずっと地球のまわりをまわりつづけている衛星を形成したのです。

地球の空に浮かぶ月はよく知っていても、実際に月を訪れた人は、そのいかにも異質な自然に触れてショックを受けます。アポロ宇宙飛行士のバズ・オルドリンはこう言っています。「まさかあの荒涼とした地形を目にするとは思いもよらなかった。殺風景で地面はうねり、地平線はそれまで見てきたよりもずっと近かった」

月は長い旅の最初の立ち寄り先となることが多く、低重力の不思議な世界と真空空間を旅する挑戦への序章の役割を果たします。ここでのハイライトは、三日月形の地球という謙虚な眺めを

早わかり

直径――地球の25パーセント
質量――地球の約1パーセント
色――ムーングレイ
地球をまわる公転速度――時速約3700キロ
重力――68キロの人の体重が11.3キロになる
大気の成分――微量のヘリウム4、ネオン20、水素、アルゴン40
素材――岩石
環――なし
温度（最高／最低／平均）――120℃／マイナス180℃／マイナス20℃
1日の長さ――708時間54分
1年の長さ――地球の1年
公転周期――地球の約27日
太陽からの平均距離――1億5000万キロ
地球からの距離――36万キロから40万キロ
到着までの所要時間――3日
地球にテキストメッセージが届く時間――1.3秒
季節変化――非常におだやか
天気――なし
日照量――地球と同じくらいだが、光は地球より強烈
特徴的な点――南半球のティコ・クレーター
セールスポイント――手軽な保養地

楽しみ、アポロ11号が「静かの海」で着陸した歴史的地点をムーンホッパーに乗って訪れ、体重が地球の5分の1未満になる空気のない土地で歩き方やスポーツのやり方を覚えるという、ときに緊張のプロセスを体験することです。

天気と気候

月には大気がないので天気はなく、観光客の多くはその静かな環境にかなりリラックスできるはずです。季節についても心配は無用です。月の自転軸はほとんど傾きがないので——1・5度——どこにいても日照量は年間を通じて変わりません。このように不意の嵐に悩まされる恐れはないのですが、そのかわりに温度の変化は激しく、昼は120度、夜はマイナス180度にもなり、遠出の準備はかなり厄介なものになるでしょう。南極での一泊がセットになった地球一暑い砂漠へ旅行するようなものです。さいわい、この劇的な温度変化は地球時間の14日ごとにしか起きないので、慣れない状況に順応する時間はあります。もともと宇宙は極寒の場所であり、どこに行っても記録破りの突然の寒さに見舞われる可能性は高いものですが、月でも太陽系のほかの場所に負けないほど寒くなることがあります。マイナス240度、冥王星なみの極寒の世界です。このしびれるような気候がお好みの方には、月の南極にある、あまりの深さに太陽光線も届かないクレーターに行くことをおすすめしています。

温暖なほうを好まれる方には、明け方の散策がピッタリです。ただし気をつけてください。夜明けには冷えた地殻が地球の2週間ぶりに太陽に温められることで月震《げっしん》がときどき起こり、静けさが破られることがあります。このタイプの月震や、月の深いところを震源とする月震――あるいは隕石の衝突で起きる月震――は、たいていは軽度なもので害はありません。重たい家具をガタガタ揺らし、ビルをぐらつかせることができるのは、地下15キロから30キロほどの震源の浅い月震にかぎられます。月は非常に乾燥して寒さが厳しいため、この月震はベルのような音を出し、揺れは10分にわたって続くこともありますが、どうかあわてないでください。落ち着いて、むしろ揺れを楽しもうではありませんか。

月をあまさず体験したいならまる1日は滞在してください。と言っても、これは意外に長いものです。月の1日は地球の30日弱になります。それだけあれば、月の表側と裏側の両方を探索する時間はたっぷりとれるでしょう。

出発のタイミング

もしあなたがまだ月に行ったことがないのなら、すぐに行くべきです。この本を閉じて地元の〈インターギャラクティック・トラベル・ビューロー〉に電話し、さっそく予約を入れてしまいましょう。ぐずぐずしている暇はありません。善は急げ！　なにしろ、月は1年に約4センチずつ地球から遠ざかっているのです。8年先延ばしにすれば、移動には30センチもよけいにかかってしまう！

月に行くのは世界1周旅行を10回するようなものです（そのくらいの距離を移動します）。ただしロケットは飛行機よりずっと速く進みます。出発からほんの数日後には上空100キロほどのところから灰色の月面に目を見張ることになるでしょう。太陽が出ているあいだに見たいところがあるのなら、月の夜はかなり長いのであらかじめ計画を立てておいてください。地球時間のまるまる1か月滞在するなら、お気に入りのスポットに太陽の光が差し込む光景を眺められること請け合いです。旅行プランに照らして日照条件をチェックしておいてください。

アクセス

月への旅は宇宙船基地——空港のようなもの——から始まります。出発はほとんどの場合、滑走路ではなく発射台からとなります。離陸時にロケットが爆発したり墜落したりすることも想定し、宇宙船基地は一般に砂漠か水辺にあります。晴れわたった空とおだやかな天気で知られる地域に建設されているので、出発前に基地までピクニックに行くのもおすすめです。それが地球での最後の思い出になるかもしれません。

地球の重力の束縛を振り切るには、地球の脱出速度として知られる時速約4万300キロの猛烈な速度に達しなければなりません。この速度を達成するため、制御された（と願いたい）爆発物にあなたは体を固定されることになります。地球からの打ち上げだけで、はるばる太陽系の果てまで飛ぶのに使うエネルギーの約半分が必要です。かつて宇宙飛行士が「軌道に達するまでが旅の半分」と言ったのは、ここに端を発しています。赤道付近を飛び立つフライトを選べば費用の節約になるでしょう。そこから東に向かって離陸すれば、ロケットが地球の自転からひと蹴りもらうことができるからです。

ジェットエンジンは地球のこちら側から裏側へ人を運ぶにはもってこいですが、宇宙に不足しているあるものを必要とします。空気、それも空気中に含まれる酸素です。一方ロケット船の場合は、その多くの原動力となっている化学ロケット燃料が燃料内の酸素を供給して推進力を生み出しています。月への短い旅については、途中で燃料の補給を心配する必要はありません。また、もっと遠くを目指す場合は、化学燃料の原料は多くの地球型惑星で入手することができます。つまり、すべての燃料を積んでいく必要はありません。

月に最初の訪問者たちを届けたコンピュータは、今のスマートフォンよりもずっと低い性能しかありませんでした。39万キロの旅には3日かかりますが、止まらずに通りすぎるだけならわずか9時間で到達できます。月に行くのに途中で迷子になる心配はほとんどありません。月は地球から見えますし、宇宙船を正確な方向に向けておけばいいだけのことですから。

道中、補足粒子の分布密度が高い帯状領域のヴァン・アレン放射線帯には気をつけましょう。人間にはほとんど害はないようですが、電子機器に大被害をもたらす恐れがあります。ヴァン・アレン帯は主にふたつの層から成っています。ひとつは地球上空640から9700キロの内帯、もうひとつは上空1万3500から5万8000キロの外帯です。アポロ計画の科学者たちは当初、ヴァン・アレン帯が宇宙飛行士に健康被害をもたらすのではないかと心配しましたが、船内の放射線検出器によれば、ここを越えるあいだ、放射線は安全なレベルを保っていたことが判明しました。しかしお望みなら、ここを通り抜けるときに旅のお仲間の誰が一番長く息を止めていられるかを確かめてみるのもいいかもしれません。

月の周回軌道に到達したら、シャンパンを開けてお祝いといきましょう。ただし気

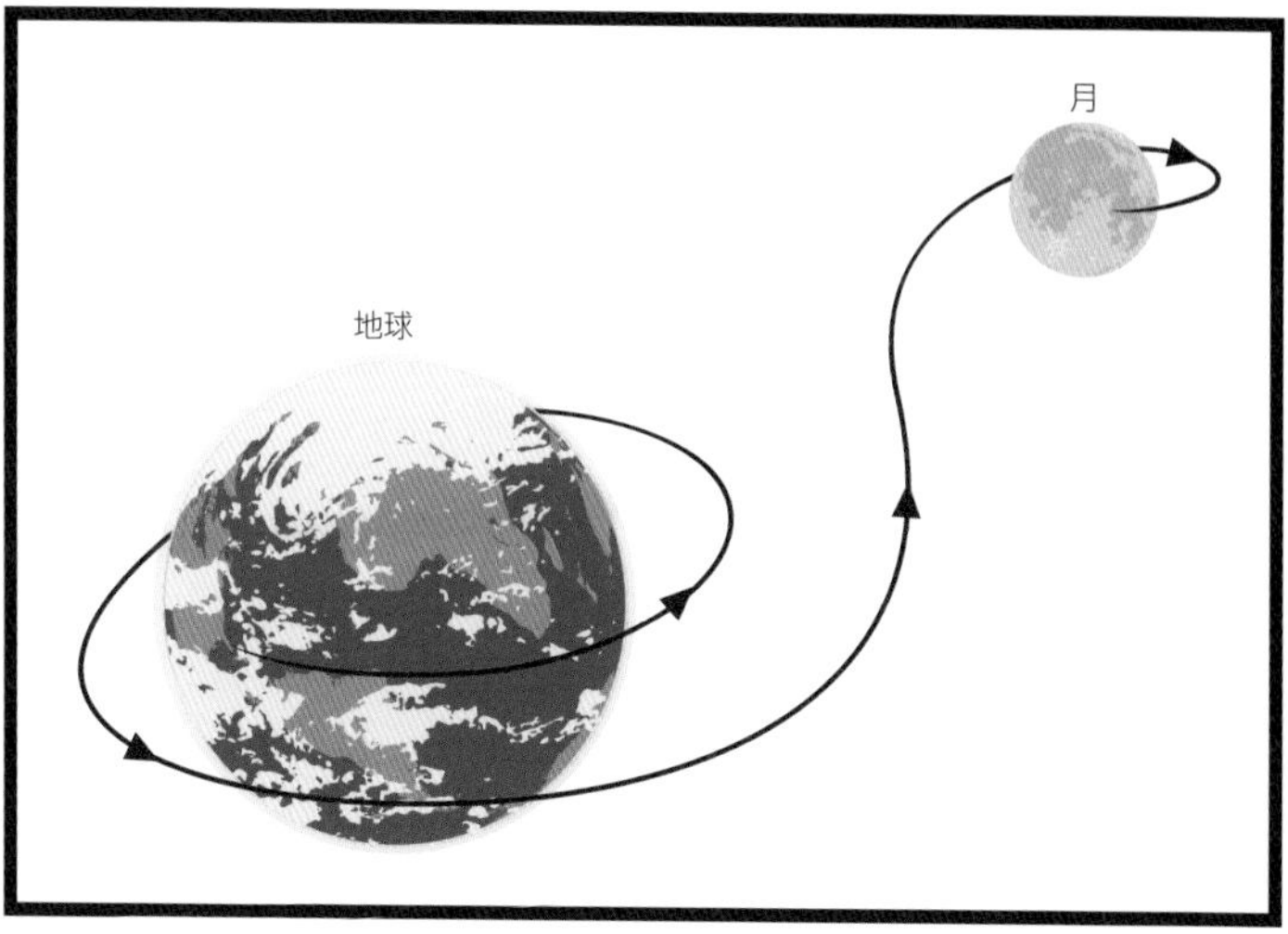

月は地球からほんの数日で行けるところにある。

をつけてください。宇宙船の低重力環境では、ボトルを開けることが危険な試みになりかねません。勢いよく飛び出すコルクには十分注意しなければなりませんし、浮遊してしまうシャンパンの泡もまたしかりです。

到着！

初めて月に接近遭遇しているあいだ、多くの人は、その景色に見覚えがあり、それでいて別世界を目にするという愉快な体験をすることになります。「月の住人《マン・イン・ザ・ムーン》」［地球から見た月の模様の呼び方のひとつ］の見慣れた特徴は、広漠とした暗い平原と広々としたクレーター、そしてそびえ立つ山脈にゆっくりと変わっていきます。観光客のなかには月の赤道を周回する低軌道にすぐに慣れる人もいますが、あわてて月面に到達しようとしないでください。景色の多くははるか上空から見るのが最高ですし、間近に探索する時間はたっぷりとあるのですから。

月面まで行くのに、いちばん経済的な選択肢を選ぶ人もいるでしょう。宇宙エレベーターで下ろしてもらうのです。まず、月からはるか離れたL1、または月のラグランジュ点［質量のきわめて小さい物体が、ほかの質量の大きなふたつの天体からの引力を受けて、それらの天体と同じ周期で周期運動しうる位置］と呼ばれるところが出発点となります。地球と月の軌道のあいだの月寄りに位置するL1では、地球と月の複合重力が月に対して一定の位置にとどまる軌道を生み出します。月の宇宙エレベーターは、このL1の宇宙ステーションと月面とをきわめて長い強力なケーブルでつなぐものです。利用者は荷物を持ってカプセルに入り、ゆっくり月面に下ろしてもらうだけ。ロケットで行くよりも効率的で、安くあがります（微小隕石の衝突で宇宙エレベーターが損傷する可能性もあるのですが）。

到着するのが月の表側なら、ふるさとである地球を振り向いて眺めることをお忘れなく。初めて月を訪れた人はたいがい、漆黒に浮かぶその儚《はかな》く青いマーブル模様を見つめながら強い畏怖と驚嘆を覚えるものです。写真を撮るのを忘れないでください！　地球をそっくり両手で持っているようなショットはいかがでしょうか。

ホテルにチェックインする際には、必ず地球に面したアースビューの部屋を希望してください。地球が光に全面照らされたときや、三日月形にきらきらと輝くとき、あるいはきらめく星を背景に黒く円を描

この旅の前にあなたが訪れたすべての場所が写る写真。
出典：NASA/GSFC/ARIZONA STATE UNIVERSITY

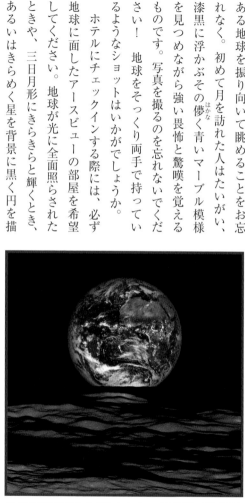

くときの美しい眺めをひとり占めできます。月は同じ面がつねに地球を向いているため、あなたの部屋の窓から地球の姿が消えることはありません。そうそう、満月ならぬ「満地球」のあいだだけ出てくると言われる月のオオカミ人間に関する報告はかなり誇張されたものです。パハシダミセットと呼ばれる、あのいくつもの頭を持つさまようヘビの噂もまたしかり（ヘビの話はあまり知られていないフィンランドの民話に由来すると考えられ、おそらく作り話でしょう）。「新地球」には、地球に落ちる影のなかに、文明の光や大陸の輪郭を探してみましょう。

さて、ひと息ついたら観光客のエチケットとルールを確認しておきましょう。建物のエアロックはつねに解除しておくこと。万が一外に閉めだされれば服に開いた小さな穴のひとつが命取りにもなる環境では、これは命を守る大切な習慣です。水は稀少なので、たとえ少量でも無駄にすることは許しがたい行為とみなされます。それと、月の土地を売りつけようとしてくる輩にはご用心。連中がなんと言い張ろうと月で土地を売り買いすることはできないし、それを売りつけようとしてくるのは詐欺師に決まっています。

移動する

強い重力がない世界では、地上での移動の概念を捨ててください。ローヴァーを借りるのはかまいませんが、通《つう》はホッパーで移動します。月面を跳ねまわるのはたまらなく楽しい経験で、しかも長距離移動にきわめて効率的な方法でもあるからです。ホッパーは初代のアポロ月着陸船に似ていて、4本の脚に、座席と積み荷と燃料用のスペースがあります。ヒンジ付きの脚とばねを備えていて、電源がエネルギーを蓄えるとそれを一気に放出し、劇的な跳躍でひと跳びします。空気抵抗がないので、1度のジャンプで最短120メートル、最長480キロの距離を、大きく弧を描きながら移動することができます。このときの移動速度は、月の表面重力はもちろん、どれだけの力で離陸するかで決まります。長距離移動をする際には、燃料電池の水素と酸素を満タンにするための立ち寄り先《ピットストップ》について必ず計画を立てておいてください。

もしローヴァーのご利用をお望みなら、ゴルフカートなみののんびりしたスピードでの移動を覚悟しておきましょう。月面探査車ルナローヴァーの速度は、最高でも時速19キロほどが限界。時速16キロでノンストップの場合、月を1周するのにおよそ28日かかります。

また、大気がないので飛行機での移動は不可能です。どんな形であれ、飛行するならロケット動力が必要になります。ですからご出発の際は、軌道にもどるのにもそこそこ料金がかかることをお断りしておきます。月の重力の束縛から逃れるには、ロケットの速度を時速約8500キロにまで上げる必要があるからです。

観光スポット

◎表側と裏側

ピンク・フロイドの主張はどうあれ、月に暗黒面《ダークサイド》はありません［イギリスのロックバンド、ピンク・フロイドのアルバム『狂気』の原題はThe Dark Side of the Moon］。月も地球上と同じで、極をのぞけばすべての場所に昼の光と夜の闇の規則的なサイクルがあります。昼のあいだは太陽が輝き、空は真っ暗ですが星はあまり見えません。いっぽう夜は、太陽は見えませんが空の星々は光り輝いています。

月には永久に真っ暗な面はないものの、潮汐《ちょうせき》ロック［共通重心をまわるふたつの天体のうち、一方の天体の潮汐力が強いときにもう一方の公転周期と自転周期が等しくなる現象］によって、月の裏側はけっして地球を見ることはありません。月が地球の重力によって引っ張られる力は均一ではなく、月は地球に近い側では地球の重力によって地球側に、地球と反対側では遠心力によって外側に引っ張られます。これによって月は引き延ばされ、両側が突出します。こうして地球が突出部を引っ張る力が長い時間をかけて月の自転を減速させ、ついには地球からは月の片側しか見えなくなったというわけです。月は、背中に何かを隠そうとしている友だちのように、地球の空を滑るように移動しながら、けっして裏側を見せません。月が人気の観光スポットになる以前、裏側に何が隠されているのかと根拠のない噂が流れたものですが、おかげで月の裏側には今でもいくらか謎めいた雰囲気が残っています。

表側には裏側よりも平坦な地域、つまりラテン語で「海（sea）」を意味する「マレ（mare）」がずっと多いことにお気づきかと思います。月が誕生した直後、地球が月の表側を保温し、内部を溶けた状態に保ちました。そして小惑星が月の表側に衝突した際に溶岩が噴出し、それが冷えて固まって平坦な地になったのです。つまりマレの模様が月の住人の顔を形づくり、今あなたが彼の目鼻立ちを間近に堪能しているというわけです。

裏側には表側のようなマレには乏しいものの、そのかわりいたるところにクレーターがあります。アポロ宇宙飛行士のウィリアム・アンダースは、月の裏側は「うちの子供たちが遊んでいる砂場のようだ」と言いました。しわくちゃな外観になったのは、表側よりもたくさんのスペースデブリにさらされているからではなく、溶けた表面が表側よりも短期間で固まったためであり、より古いクレーターが皆さまの到着を待っているとお考えください。地球から見えない裏側だからこそ行きたい、という方もいらっしゃるでしょう。

◎歴史的観光名所

歴史ファンなら6か所のアポロ着陸地点、それもアポロ11号が「静かの海」に降り立った場所には心が躍ることでしょう。１９６９年にニール・アームストロングが残し、完全な保存状態を保つ月面最初の足跡にはぜひ行ってみてください。意外にも月の最初の訪問者たちは、約38万

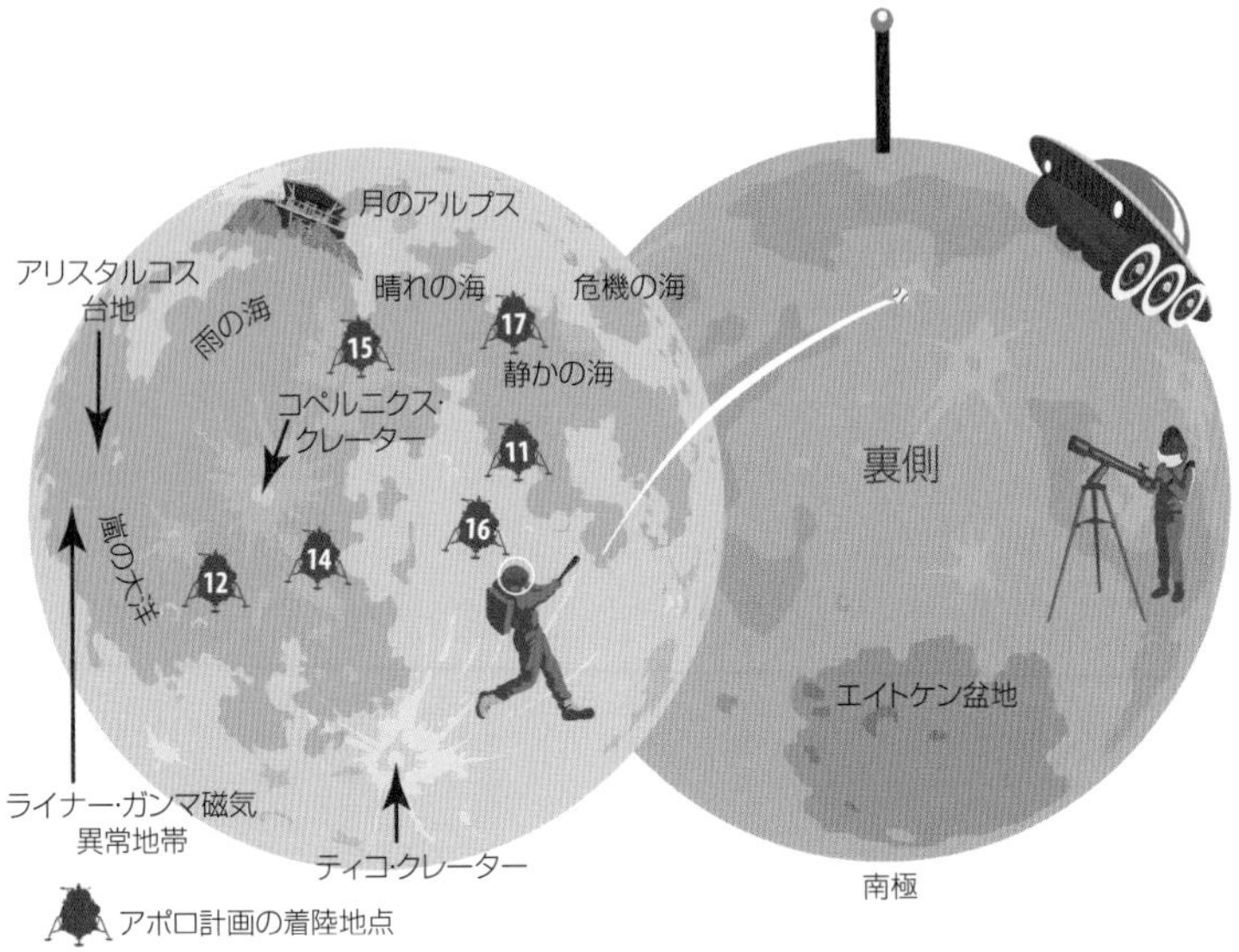

月の表側と裏側には、初めての人にもリピーターにもおすすめの行楽地がたくさんある。

4000キロもの旅をしながら、野球場程度の広さをぐるぐると歩いたにすぎません。滞在わずか22時間、外に出たのはそのうちの2時間半ながら、月の砂を蹴り、歩く練習をし、地球に持ち帰る岩石を採取しました。離陸の際に倒れてしまった星条旗は、今では太陽光と放射線で白く色あせてしまっています。その後のアポロ・ミッションの宇宙飛行士たちは、ゴルフなどの観光客向けアクティビティをする機会が増えました。

　月の仙女にちなんで嫦娥《じょうが》と名づけられた中国の月探査計画でも、別の史跡が生まれています。嫦娥のペットであるウサギから玉兎《ぎょくと》と名づけられた同計画のローヴァーが31か月間にわたって月面を探査したのち、ミニブログを通じて自ら別れを伝えました。最後のメッセージは「おやすみ、地球。おやすみ、人類」。「雨の海（マレ・

インブリウム)」に行けば、玉兎の永眠の地を訪れることができます。

◎**月博物館(ザ・ムーン・ミュージアム)**

「ザ・ムーン・ミュージアム」とは、1・9センチ×1・3センチほどの小さなセラミックウェハーのことで、そこには20世紀の6人のポップアーティスト――ジョン・チェンバレン、フォレスト・マイヤーズ、デイヴィッド・ノヴロス、クレス・オルデンバーグ、ロバート・ラウシェンバーグ、アンディ・ウォーホル――が手がけたごく小さな白黒アート作品が収められています。この不穏な「ミュージアム」は、NASAの正式な許可を得ないままアポロ12号のミッションでこっそり宇宙船に持ち込まれ、そのまま月へと運ばれたものです。今でもアポロ12号の遺物とともに残っていると言われています。

◎**嵐の大洋(オーケアヌス・プロケルラルム)**

「嵐の大洋」は、「海」ではなく「大洋」と名づけられるほどの大きさを持つ唯一のマレです。アポロ12号と14号の着陸地点を訪ねたあとは、謎に満ちた「ライナー・ガンマ磁気異常地帯」に向かいましょう。直径71キロほどのこの地形は、オタマジャクシとコーヒーに注がれたクリームの中間のような、白くまばゆい染みに見えるのが特徴です。月の「エリア51[アメリカ空軍が管理しているネバダ州南部にある一地区で、秘密基地と言われて謎が多い]」とも言えるライナー・ガンマに

磁気効果が関連していると思われる地面に明暗のある地域、ライナー・ガンマの謎の渦巻き模様を堪能しよう。
出典：NASA/GSFC/ARIZONA STATE UNIVERSITY

は、磁場の奇妙な乱れが存在します。こうした特徴が生み出されてそれが維持されているのは、この部分の磁場の強さが月面に届く放射線量に影響をあたえていることが一因と考えられています。またライナー・ガンマは、「月の一時的現象（TLP）」が最も起こる場所のひとつとしても知られています。これは、少なくともこの1000年のあいだ地球の観測者が目撃した奇妙な発光や色の変化など、突発的な活動が一時的に起きる現象のことです。どの事象が実際に起きたものかを確かめることはできませんが、科学者らは、発光の一部は溶岩洞から漏れるガスやこの地帯の別の地質活動が関連していると考えています。

嵐の大洋を去る前に、東に位置する「コペルニクス・クレーター」に立ち寄りましょう。中央には印象的な丘（中央丘）があり、壁の内側は複雑な階段状になっています。直径は90キロほどありますが、深さはあまりありません。コペルニクス・クレーターが直径23センチのパイ焼き型だとすると、深さはわずか0・8センチほどになります。

◎アリスタルコス台地

嵐の大洋の北に位置するのは「ウッズ・スポット［ロバート・ウィリアムズ・ウッドはアメリカの物理学者］」としても知られる「アリスタルコス台地」で、この名前は太陽中心の宇宙モデルを最初に広く提唱した有名なギリシャ人天文学者、サモス島のアリスタルコスにちなんでいます。アリスタルコスの中央部にある「コブラ・ヘッド」は、明るい色の岩と暗い色の岩がその斜面を流れ落ちて飛び散った巨礫の多い地域です。コブラ・ヘッドから始まってアリスタルコス台地の脇まで延びるのは「シュレーター谷」で、長さ140キロにわたってヘビのように蛇行する溶岩によって形成された谷です。

この地域への旅は、かの有名な「アリスタルコス・クレーター」に行かなければ完璧とは言えません。この台地のとりわけ暗い地帯のなかで、アリスタルコス・クレーターは突き抜けるような明るさを放っています。クレーターにはチタン鉱物が豊富にあり、これを採掘すればロケット推進薬に使われる酸素を取り出すことができます。

◎東の海（マレ・オリエンタレ）

アリスタルコスの西、月の表側と裏側の境目に広がるのは「東の海」です。明るいリングと暗いリングから成るさまは、まるで雄牛の目のよう。この地質構造は、大きな衝突クレーターが溶岩でいっぱいになり、その後冷えて表面が滑らかに固まったことで形成されました。波紋に見えるのは同心円状の山脈で、いちばん内側は「インナー・ルック山脈」と呼ばれ、次の「アウター・ルック山脈」、そして最後の「コルディレラ山脈」へと続きます。起伏の激しい地形ですが、雄牛の目の中心に巡礼に行こうと多くの人が東の海にやってきては、コルディレラ山脈の外側からスタートして内側を目指します。音がいっさいしないなかを黙々と歩くこの巡礼は、静かなる瞑想体験をいっそう充実したものにしてくれるでしょう。

◎ティコ・クレーター

「ティコ」は月でひときわ目を引く、混雑必至の観光スポットです。南半球にあるこの丸い傷跡は、破砕岩のきらめく光に縁取られて周囲から浮かび上がり、地球からも容易に見ることができます。あまりの人気のため、1895年に月の研究者で作家のトーマス・グウィン・エルガーが使ったフレーズ、「月の首都クレーター」と呼ばれるほどです。クレーターが形成されたのは、約1億9000万年前に小惑星が衝突したことによります。もしあなたが恐竜の時代に生きていれば、その衝突の際に空が明るく光るのを目撃したことでしょう。

北の縁に陣取れば、直径85キロの穴を一望できます。底面は80キロのウルトラマラソンにもってこいの場所。クレーターの縁が黒っぽいのは、隕石の衝突の間に月の岩石が溶けて再び固まり、薄いガラス質の層になったからです。ガラス片を拾って記念に持ち帰るのもおすすめです。多くのお客さまが、頂上から標高差5キロ弱のジグザグの斜面を歩いて底まで行かれます。あるいは、東の縁のジップライン［高所から低所へ張ったワイヤを滑車で滑り降りるアクティビティ］を使えば1時間ほどで降りられます。

低重力のため、月でのジップラインは滑車がゆるやかに滑り出し、ゆったりと進んでいきます。顔に強すぎる風を浴びたり虫が飛んでくる心配はありません。どちらも月ではお目にかかれません。底に到着したら、あらためて登りはじめましょう。中央丘の頂からは、クレーターと周囲の縁沿いの地形がぞんぶんに楽しめます。

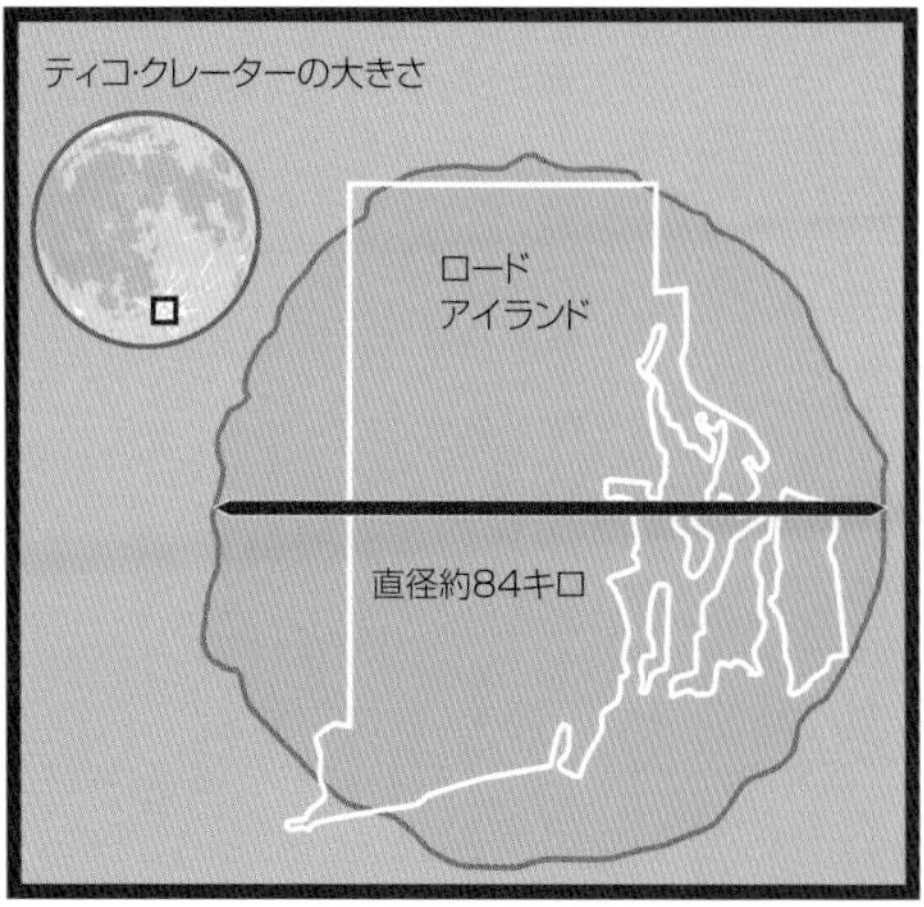

ティコ・クレーターとロードアイランド州［全米50州で面積最小の州。滋賀県とほぼ同じ面積］の大きさを比べてみよう。

◎南極

混雑したティコを見学したあとは、南に足をのばして「エイトケン盆地［直径が300キロ以上の巨大な衝突跡は盆地（ベイスン）と呼ばれる］」に行くこともできます。月の裏側の南部のかなりを占めるエイトケン盆地は、太陽系で最大級のクレーターのひとつであり、切り立った斜面は深さ約13キロ、直径は約2600キロにもおよびます。

エイトケン盆地の内部には「ライプニッツ山脈」があります。この山脈の最高峰はエベレストより600メートルほど低い約8230メートル。山脈の絶壁からは南極地域が一望できます。高い山に登る前には月でもトレーニングが必要ですが、低重力なのでエベレスト級の山でも楽に頂上にたどり着くことができます。また、誰もが呼吸用の十分なエアを携行している月では高山病の心配もありません。

ライプニッツ山脈の頂上まで登山をしたあとは、南極の永久に影になったところで休憩してはいかがでしょう。南極付近には内部に太陽の光が永遠に差し込まないクレーターがいくつかあります。極端な寒さと暗黒が永遠に続くそうした環境は珍重するに値し、「永久影《えいきゅうかげ》のクレーター」として知られています。ロケット推進薬やその他の物資の保管場所として使うことも可能ですし、死後の冷凍保存を希望される方には理想の遺体安置所と言えるでしょう。なにしろ永久に自然冷蔵ができるのです！

せっかく南に来たのですから、「シャックルトン・クレーター」に行くこともお忘れなく。クレーターの底は永久影の領域になっていますが、縁にはつねに太陽に照らされた永遠の光の山がそびえています。そうそう、シャックルトン内の小さなクレーターや峰々を探索する際は必ずホッパーをお使いください。ローヴァーでは急斜面を下って底部までたどり着くことは困難です。

◎月のアルプス山脈と雨の海

「雨の海」の北東端に位置する月の「アルプス山脈」には、特有の空間美があります。まずは、アルプスの北側に位置する太古からの「プラトー・クレーター」から出発しましょう。内部には、小さく、より年代の新しいクレーター群があります。このプラトーから月面車を南の雄大なアルプス山脈、ラテン語のモンテス・アルペスへと走らせ、次に、山脈の中央を切り裂き、雨の海と寒さの海「氷の海とも呼ばれる」をつなぐ「ヴァルリス・アルペス（アルプス谷）」を訪ねてみましょう。

月のアルプスのなかでも屈指の高峰である「モンブラン（ブラン山）」は、これ見よがしなフランス語の名前を持つ山です。地球のモンブランはフランスとイタリアの国境に位置しますが、月のモンブランはアルプス谷西端のすぐ南にあります。周囲より３８００メートルほど高く、斜面は急ではないものの、頂上まで行くには——地球時間では——長い登りを覚悟してください。ただし、月では一度昇った太陽は地球の14日分出ているので、日の入りよりよりはかなり前に登頂できるはずです。モンブランからは、ちょっとした小旅行で西へ行き、「ピトン山（モンス・ピトン）」に行くことをおすすめします。雨の海の平原に位置する、小さいけれど目を引く峰です。そこで登山の訓練をしたら、南の「アペニン山脈（モンテス・アペンニヌス）」と、月で一番高い山「ホイヘンス山」に向かいましょう。ホイヘンス山は標高が約5・3キロあり、月での登山技術を磨く機会になるはずです。

アクティビティ

◎月の砂《ムーンダスト》の「よろこび」を味わう

ムーンダスト——名前はロマンチックかもしれませんが、実際は迷子の子犬のようにどこまでもまとわりついて、あなたを絶対にそっとしておいてくれません。レゴリスと呼ばれるこの細かな塵《ちり》は月面のほぼ全域を覆い、その深さは12キロほどになることもあります。あなたも月を訪れているあいだに、ムーンダストについて身に染みて知るようになるはずです。それはどこにでも入り込んできます。たとえばあなたが部屋をきれいにしようと——それがそもそも悪あがきなのですが——床を掃くとき、口笛を吹いてみればおわかりになるはずです。せっかくなので、ぜひ月面を掃いてみてください。舞い上がったムーンダストはゆっくりゆっくり落ちてくるでしょう。まるで綿埃でできた雪のように。

レゴリスは非常に有用な物質です。焼結《しょうけつ》という方法で太陽かマイクロ波のエネルギーで熱すれば、月のコンクリートを作ることができます（このコンクリートは道路や建物の建設に使うことが可能です）。アスファルトに似たこのムーングレイの洗練された色を、あなたはじきに月のいたるところで目にするようになるでしょう。月のコンクリートは地球の昔ながらのコンクリートと同じで、太陽の放射からあなたをしっかりと保護してくれます。私たちが月で生き延びるうえで欠かすことのできないものだと言えるでしょう。

◎月面歩行

月面での歩行は、水中でトランポリンの上を歩くようなものです。最低10分練習す

地球でムーンウォーク

マイケル・ジャクソンの曲をかけ、足をそろえてスタート。

左足の踵を上げ、つま先に体重をかける。

右足を床にたいらにつけたまま、うしろに滑らせる。

右足の踵を上げ、左足をうしろに滑らせる。

足を代えて繰り返す。

月面でウォーキング

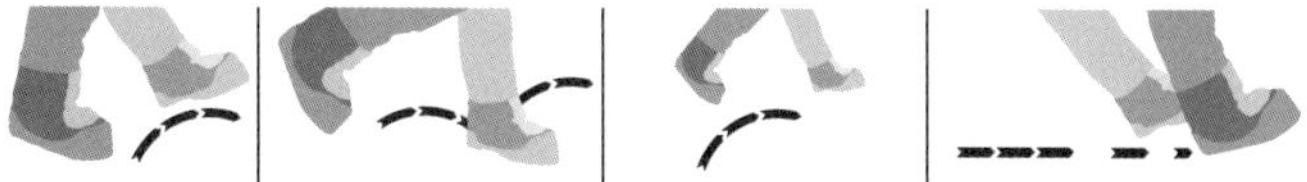

片足でそっと地面を押す。前に出した脚で大きく1歩進む。

脚はあまり曲げすぎず、地面から跳ね返るのに身を任せる。脚を交互に出すかどうかは自由。

スピードを上げるなら（ただしコントロールはしづらい）、もっと高く跳ぶことも考えてみる。

止まったり方向転換したりするときには前進運動を止める摩擦を生み出すために、体をうしろに傾けて踵を地面に食い込ませる。

ればなんとか歩けるようにはなりますが、地球で身についた感覚を上書きして月面移動を完全に習得するとなると、何年もかかるかもしれません。というのも、地球で歩くときには、片足に体重がかかっている間は自然と前傾姿勢になるのですが、月でこの歩き方をしようとすると、かなりのろのろした、非効率で、不安定な歩行になってしまうからです。月では地球上よりも筋力が強く作用するため、あまり地面を強く蹴らなくても歩けるものを、長年の習慣でつい力が入りすぎてしまいます。すると低重力下では体が跳ね上がってしまい、次の一歩を歩こうにも月面にゆっくり舞い降りてくるのを待つしかありません。

そこでおすすめの歩き方は、いつもより歩幅を広くとりながら左右の足に重心を移動させてゆく方法です。これはゆったりとしたクロスカントリー走の体の動かし方によく似ています。ニール・アームストロングはこの方法を「ゆる駆け《ロープ》」と呼びました。別の歩き方としては、逆に歩幅を狭くし、一方の足をつねに地面につけたまま、もう一方の足で漕ぐようにしてすり足で進む方法もあります。

◎スペースボール

月の低重力環境での運動は慣れればとても楽しいし、骨や筋肉が弱るのを防ぐというさらなるメリットもあります。ただし、あらかじめ知っておいてください。超人的とも思える自分の怪力をあなたはたのもしく感じるでしょうが、きちんとした練習をしないと大怪我をしかねません。

スペースボールは、地球の伝統的なベースボールを、愉快な低重力環境向けにアレンジしたものです。実際にやってみれば、いくつかの決定的な違いにお気づきになるでしょう。

・真空中でプレイするため、カーブやスライダー、ナックルボールなどの空気圧が頼みの球種は投げられない。

・普通のボールを地球で打つのと同じ力で打つと、月では30倍以上遠くに飛ぶ可能性がある。

・スペースボールのフィールドは一般的な野球場より広く、ボールの動きが非常に速いので（空気がないということは空気抵抗がないということ）、ゲームには危険を伴うことがある。ホームランは認められず、フィールドをそれたボールは大き

スペースボール——月の〝国民的〟娯楽

なネットで回収される。
・打ったあとに走るのは大変だが、ひとたび走り出したら止まるのはもっと大変で、上等なスパイクシューズを持っていることが必須となる。
・不慮の衝撃に耐えるため、スペースボールのユニフォームは平均的な宇宙服より強度が必要になる。

◎溶岩チューブめぐりに挑戦

洞窟探検家なら、月の地下にたくさんある溶岩チューブの探検が楽しいでしょう。これは大昔の溶岩の通り道で、太陽放射から守られ、住居や建物を建設するのにもってこいの天然の基地にもなります。ただし、熱い溶岩に出くわす心配はないものの、鋭利な地形なので油断はできません。岩だらけのチューブを進むには、車輪ではなく長い脚のついたローヴァーが必要になるでしょう。どのチューブを探検するか決めたら、なかに入る前に、そこが安定した環境であるかどうかを地質学者に確かめてもらうこと。まれにチューブが初期の月の大気を保持していることがあり、それが爆発的に放出されて腰を抜かす羽目になるかもしれません。現在知られている最大の地下空洞は「静かの海」にあります。

◎裏側で星の観察

2週間におよぶ月の夜には、延々と星を眺めつづけることができます。月は――さらに言うなら太陽系内にあるほかのどこであっても――地球に近いので、私たちが慣れ親しんだ星座が見て取れるはずです。地球上で見る星は、大気がその光を四方八方へとわずかに屈折させるために瞬いて見えますが、月には大気がないので星が瞬くことはありません。南半球で観察すると、星々が「かじき座デルタ星」としても知られる月の南極星のまわりをまわるのが見えます。ただし星を見る際は、フェイスシールド部分に反射保護膜が施されたヘルメットを選びましょう。そうすれば月面や月面移動車、宇宙服からの漂遊反射光を削減することができます。

　月の裏側は、電波天文学には理想的な場所と言えるでしょう。電波天文学は、かなり波長の長い光波を利用して天体の見えない姿を解明するものです。土星の環よりはるかに目立たない木星の環は、可視光よりも電波で見るほうがよくわかります。また電波望遠鏡は、遠くの銀河から何十億年も

探査の機が熟した数ある月のクレーターのひとつ、ジョルダーノ・ブルーノ・クレーター。
出典：NASA/GSFC/ARIZONA STATE UNIVERSITY

かけて届いた光を高感度でとらえることができます。こうした電波は電子レンジやラジオで使われるのと同じものですが、家のなかの小さな箱ではなく、遠い宇宙の星やガスによって生成されています。月面の小さなクレーターは、電波の検出に使うパラボラアンテナをずらりと並べるのにもってこいの場所です。月の裏側は、地球の大気や、何十億もの住人が出す電子雑音の干渉から遠く離れているからです。電波の観測では、すぐ近くに携帯電話1台あっても銀河宇宙からの微弱信号をかき消してしまう可能性があるので、これは大きな利点です。

月の裏側に行くのなら、直径約22・5キロ、そりで滑り降りてみたくなるような急峻な内壁を持つ「ジョルダーノ・ブルーノ・クレーター」に立ち寄ってみましょう。

◎月の鉱山ツアー

水はロケット推進薬の製造だけでなく、月での生活に欠かせないものです。さあ、ヘルメットをかぶって月の地下産業の探検とまいりましょう。月の岩石は斜長石《しゃちょうせき》や斜長岩などの鉱物に富み、これを採取すればアルミニウムを作ることができます。イルメナイトはチタンと鉄に利用でき、シリカと酸素は取り出して材料工学、空気製造、ロケット推進薬に使うことができます。核融合反応の燃料に欠かせないヘリウム3は特に貴重な天然資源のひとつで、地球上にはごくわずかしかありませんが月には豊富に存在し、とりわけ月の裏側はこのヘリウム3が大量に眠っていることで知られています。高濃度のヘリウム3は、太陽風の粒子の流れによってレゴリスに吸着されたものです。

ちょっとよりみち

月の名所を見物したあとは、地球にお戻りになるもよし、そのままほかの惑星まで旅を続けられてもよし。月の軌道のすぐ先には「地球・月のL2」と呼ばれるちょっとした停泊所がありますが、これはL1とはまた別のラグランジュ点です。地球からの距離が月よりも遠い軌道をまわる衛星は公転速度が月よりも遅いものとお思いになるかもしれませんが、L2においては、地球にくわえて月の重力からもよけいに引っ張られることで、衛星と月の地球公転周期が等しくなっています。そこにいれば、地球の引力から十分な距離を保って、旅の次の段階の準備を始められるでしょう。

Outrun the Sun
MERCURY
• TOUR LEAVING • TOUR LEA
URN TO SHIP • RETURN TO SHIP • RE

水星――太陽を振り切ろう

水星 ☿

MERCURY

お日さまたっぷりの休暇がご希望なら、水星ほどうってつけの場所はありません。衛星を持たない灼熱の星——太陽から一番近い岩石惑星——を訪れれば、その記憶は何年もあなたの胸に残りつづけるでしょう。普通の観光客には、水星は月によく似た星と映るかもしれません。クレーターだらけで大気はほぼなく、直径は月よりわずか８００キロほど大きいだけ、重力は2倍の惑星、だと。ところが実際に行ってみると、いろいろと違いがあることに気づかれるはずです。水星の表面は激しい温度変化で絶えず焼かれたり形を変化させられたりしています。太陽は熱く照りつけますが、日が沈めば極寒の世界となります。

水星は大胆不敵なタイプの人を引きつける惑星です。日光浴を愛してやまない人は、太陽光にさらされることによる死亡リスクなど恐れないでしょうから。あえて危険な日中の表面気候とたわむれるのか、あるいは太陽から隠れた静かで涼しい地下居住環境を好むのかはともかくとして、

☿ 早わかり

直径——地球の38パーセント

質量——地球の6パーセント

色——くっきりとした陰影を持つグレイ

公転速度——時速約17万キロ

重力——68キロの人の体重が26キロになる

大気の成分——取り立てて言うほど大気はない。微量の水素、ヘリウム、酸素

素材——岩石

環——なし

衛星——なし

温度(最高／最低／平均)——430℃／マイナス180℃／170℃

1日の長さ——4222時間36分

1年の長さ——地球の88日

太陽からの平均距離——5800万キロ

地球からの距離——7700万キロから2億2000万キロ

到着までの所要時間——フライバイ（接近通過）に147日

地球にテキストメッセージが届く時間——4分から12分

季節変化——なし

天気——なし

日照量——地球の5倍から10倍

特徴的な点——1日2度の日没、くぼみ

セールスポイント——日光浴好きな人、地下生活を好む人におすすめ

水星への旅は愉快な矛盾に満ちたものとなるでしょう。太陽系屈指の暑さを誇るこの星ですが、極にはたくさんの影があり、なんと水の氷まで存在します。すぐそばの太陽から来る無限のエネルギーの助けを借りることができれば、水星旅行から生きて帰れる可能性はそれなりにあるとは言えますが、あえてこの賭けに出ようと決心するのは、人並み外れて勇敢で意志の強い冒険家くらいのものでしょう。もしあなたが自慢好きなタイプなら、水星はまさに行くだけで自慢できる種類の場所です。これだけは覚えておいてください。水星とは、そこで何をしたかはほとんど問題ではなく、そこに行って無事に帰ってきたというだけで称賛に値する――そういう星なのです。

天気と気候

水星は火と氷の地です。真昼に岩だらけの屋外に出ると、照りつける日差しの強さは地球一暑い砂漠の最高に暑い日の7倍近くにもなります。ところが日が沈むと一転、海王星よりも寒くなり、場所によっては何十億年も太陽を浴びていないところもあります。そうした暗い場所は水星の極の奥地の深い穴の底にあり、焼けつくような太陽光から凍った水を守っています。

もしあなたが地表の暑さと寒さに対応しようとするならば、夜と昼とで600度もの温度差を体験することになります。夜明けにはひんやりとしたマイナス180度ですが、太陽が空高く昇るにつれて地面が温まりはじめ、ついには430度にまで達します。熱を伝える大気がないので、真昼に外に出れば太陽光線はじかにあなたを焼き、熱い地面からもじわじわと熱が上ってきます。反対に夜の地表を訪れるときは、体の貴重な熱を失わないように、よく温めて断熱された宇宙服が必要になります。断熱ブーツも忘れないでください。足がカチカチに凍ってしまいます。

水星では1日は長く、1年は短い。水星は地球よりも太陽のまわりをまわる速度が速く、軌道の周回距離も短いため、1年は地球の88日しかありません。そして、太陽に近い側と遠い側で太陽の引力が同じでないことから自転が減速されているため、水星は地球の59日に1度しか自転しません。ところが太陽日《たいようじつ》——太陽が空の同じ点に現れるのにかかる時間——は地球の176日で、これは自転にして3回、そして水星の2年に相当します。つまり、水星の太陽日は1年より長いということになります。

私たちが知る春、夏、秋、冬は、この惑星では未知の概念です。季節を生み出す地軸の傾きが水星には存在せず、よって極が太陽のほうに傾くことも遠ざかることもありません。私たちの地球本位な四季についての理解は、酷暑と極寒というふたつの環境条件に取って代わられているのです。

水星では嵐に遭遇する心配はありません。この星では私たちの知る「風」は存在しないからです。吹いているのは風ではなく「太陽風」、つまり太陽からの絶え間ない高エネルギー粒子の流れだけです。

出発のタイミング

真冬に毛布を2枚も3枚も重ねるのはもううんざり。これ以上の雪かきは無理！　そう思ったら、太陽に焼かれる水星の塵まみれのクレーターに行くことを検討してみてはいかがでしょうか。生活にちょっとした日光が必要なとき、水星があなたの期待に応えてくれます。たった24時間いるだけで、地球のまるまる1週間分の日の光を浴びることができるのです。

ただし、太陽も過ぎたるはおよばざるがごとしで、水星では過剰摂取になりやすいのは事実です。太陽には独自の嵐のパターンがあり、11年ごとに活動が活発になって高エネルギーのフレアが多発します。地球では、この太陽嵐は地球の磁場と相互に作用して電子機器に障害を来す可能性がありますが、水星ではそれがせっかくの休暇旅行をいきなり終わらせることにもなりかねないので、お出かけの前は宇宙天気予報をチェックしましょう。

水星は楕円軌道を描き、太陽に最も近づいたときが暑い時期となります。この時期は避けたほうが賢明でしょう。一方、太陽から最も遠いときの日中の最高気温は高い時期の４３０度からたった２８０度にまで下がります。しかも突発的な太陽嵐の影響も弱まります。

とはいえ水星の1年は非常に短いので、旅行時期の選定に時間をかける必要はさほどありません。水星《マーキュリー》の灼熱と極寒の振り幅は、地球のたった半年で体験することができます。まさに移り気《マーキュリアル》なあなたにはもってこいの星です。

アクセス

水星はとても動きが速いため、行くのは思っている以上にむずかしい惑星です。チケットは高額になるかもしれません。なにしろ少なくとも7700万キロは離れていますし、太陽を周回する速度が速い――時速17万キロ、地球の公転速度より時速6万4000キロ速い――おかげで、うっかり太陽に引きずり込まれずに俊足の水星とペースを合わせるには、太陽系を脱出する以上に燃料が必要になるからです。燃費優先のツアーならば最長で11年かかる場合もあります。これは宇宙船が金星と地球からの一連の重力アシスト「「スイングバイ」「重力ターン」とも

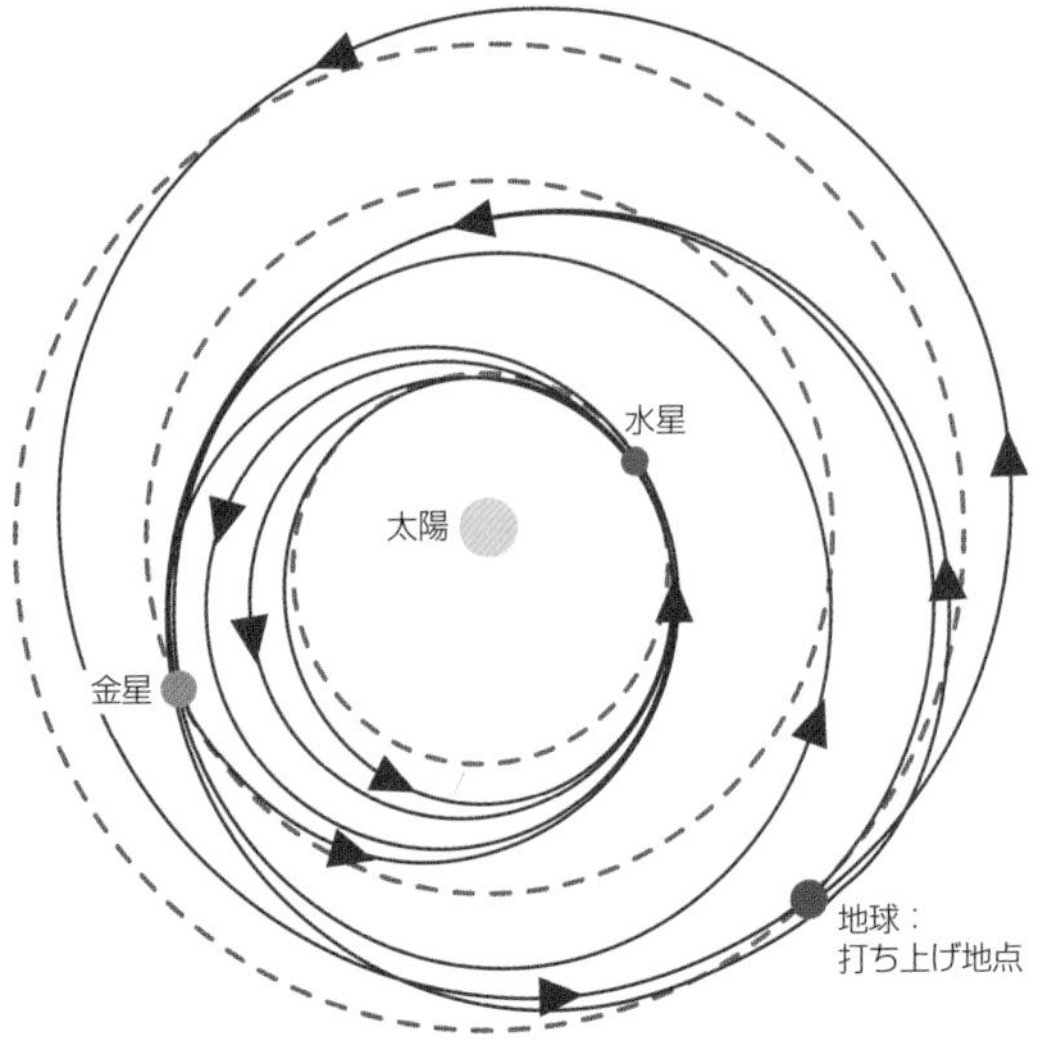

水星はたいていの惑星より地球に近いが、公転速度が速く太陽に近いために単純にはたどり着けない。

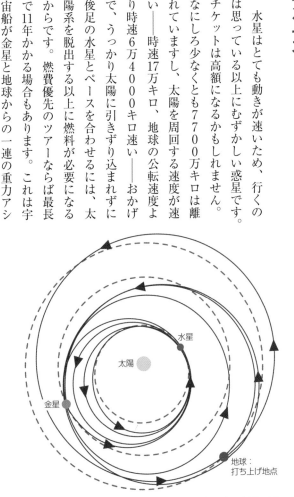

いう」を受けた末にようやく水星の周回軌道に入るためです。わずか147日で到着することも可能ですが、これは止まらずにただ猛スピードで通りすぎる場合の話です。

水星には太陽エネルギーが豊富に存在し、環境保護意識の高いお客さまは、それが再生可能な――少なくともこの先100億年、太陽が死ぬまで使える――資源であることに感銘を受けられるでしょう。太陽に近づいたら、取りつけたソーラーパネルがどれだけの電気を生み出しているかに気をつけて、電子機器が壊れないようにしなければなりません。もし発電量が多すぎるなら、パネルの向きを変えてください。

とはいえ、太陽光はすばらしいものではありますが、太陽の重力のほうは飛行士にとっては頭痛の種でもあります。宇宙船が太陽の方向に引っ張られやすくなるためです。

到着！

宇宙船が水星に近づくにつれ、ひょっとして月に来たのではないかと思われる方もいらっしゃるでしょう。ところが着陸してみると、水星の岩石は月のそれに比べて色合いや性質が異なります。コントラストが違うのです。空の漆黒に目が慣れる頃、明るい部分はより明るく、暗い部分はより暗く見えることに気づくはずです。

鉛筆の芯の色をした地表は、グラファイト（黒鉛）が存在するので月の表面より黒っぽい色を

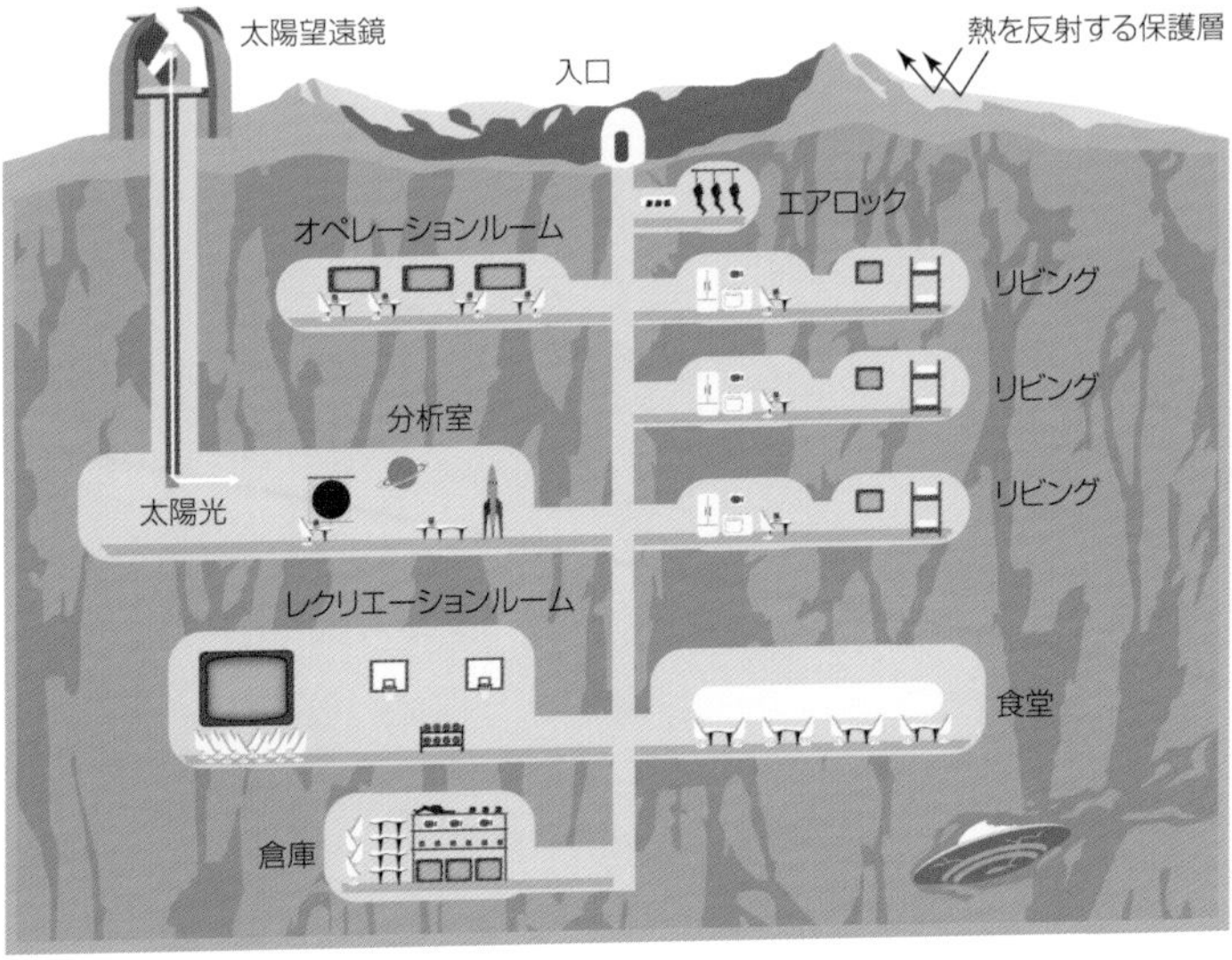

しています。水星には溶けた鉄の巨大なコア（核）がありながら、地表にはほとんど鉄が存在しません。大部分はかすかに赤茶を帯びたグラファイトグレイで、ところどころ青みがかっているように見えます。水の涸れた川や謎めいたくぼみを思わせる溶岩チャネル――絶えず外観が変わるのが特徴の地表部分――は、変化する惑星に特有の活発な地質であることを示唆するものです。

まわりを見渡せば、変化に富んだその地形にあなたは目を見張ることでしょう。水星は激しい衝突や火山噴火、表面をズタズタに引き裂くほどの惑星レベルの収縮に耐えてきました。巨大な断崖や、二重のリングを持つクレーター、溝、ミステリアスな高温部と低温部を抱える星なのです。

地表の凹凸の大部分は上方からの衝撃で形

成されたものですが、そうした顔の造作《ぞうさく》は地殻変動の影響でもあります。この星は、大地にひびを入れて谷としたり、あるいは大地を締めつけて長さ数百キロにもわたる「耳たぶ状の崖」と呼ばれる長く曲がりくねった崖やしわ状の尾根を造ってきました。

この旅行では着陸は夜に行ない、太陽が昇る前に埃っぽい地表から地下都市に下りていく必要があります。また、10年は光をはね返しつづけられる高反射性の屋根がなければ、たとえ地下でも日中を生き抜くにはあまりにも暑すぎます。

それでも昼間の空が見たいという方には、地下深くに安全にとどまったまま潜望鏡で見ることをご提案します。ところどころに星の小さな光が散らばった広大な暗闇が見えるはずです。厳密に言えば水星にはごくわずかに大気が存在しますが、空を形成するのは星が瞬くことさえできないほどの微量な大気です。潜望鏡をめぐらせていくと、暗い空を星々と分け合う異常に明るい太陽が飛び込んでくるでしょう。

移動する

水星は太陽系で一番暑い惑星ではないものの（その座は金星のもの）、生活をある面で複雑にするほど暑いことに変わりはありません。惑星の半分は大気のフィルターを通らないむき出しの太陽放射に常時さらされて人の住めない場所であるため、地表に出かけるだけでも綿密な計画が必要になります。

お客さまのなかには、極の一部のクレーターが生み出す永久影の、冷え冷えとはしていても比較的安定した快適さのなかに残るほうがいいという方もいます。反対に、果敢に極以外の場所に行ってみたいという方もいます。ただしその場合、地球のざっと数か月間は地下に住むことに慣れなければなりません。その期間は、すさまじい温度のために地表でのアクティビティが禁止される時期にあたります。日の出は地下の住人たちに恐怖さえもたらします。万一タイミング悪く外に締め出されれば、熱によって水ぶくれだらけの死を迎えることになるからです。

近辺のナイトツアー用にはローヴァーかホッパーのレンタルが可能です。長い距離を移動するなら惑星内ロケットを予約してください。ただし打ち上げが遅れた場合は地表の交通が再開されるのを待つしかありません。乗り継ぎ待ちが予想外に長くなることもありますが、どうかご辛抱をお願いします。しかたなく地下に引きこもっているあいだ、水星の名所の由来となっている有名アーティストの作品についてお勉強なさるのはいかがでしょう。2か月ほどかけてロマンチックなラフマニノフのピアノ作品をすべて聴いてみるのも一興ではないでしょうか。

観光スポット

◎北極

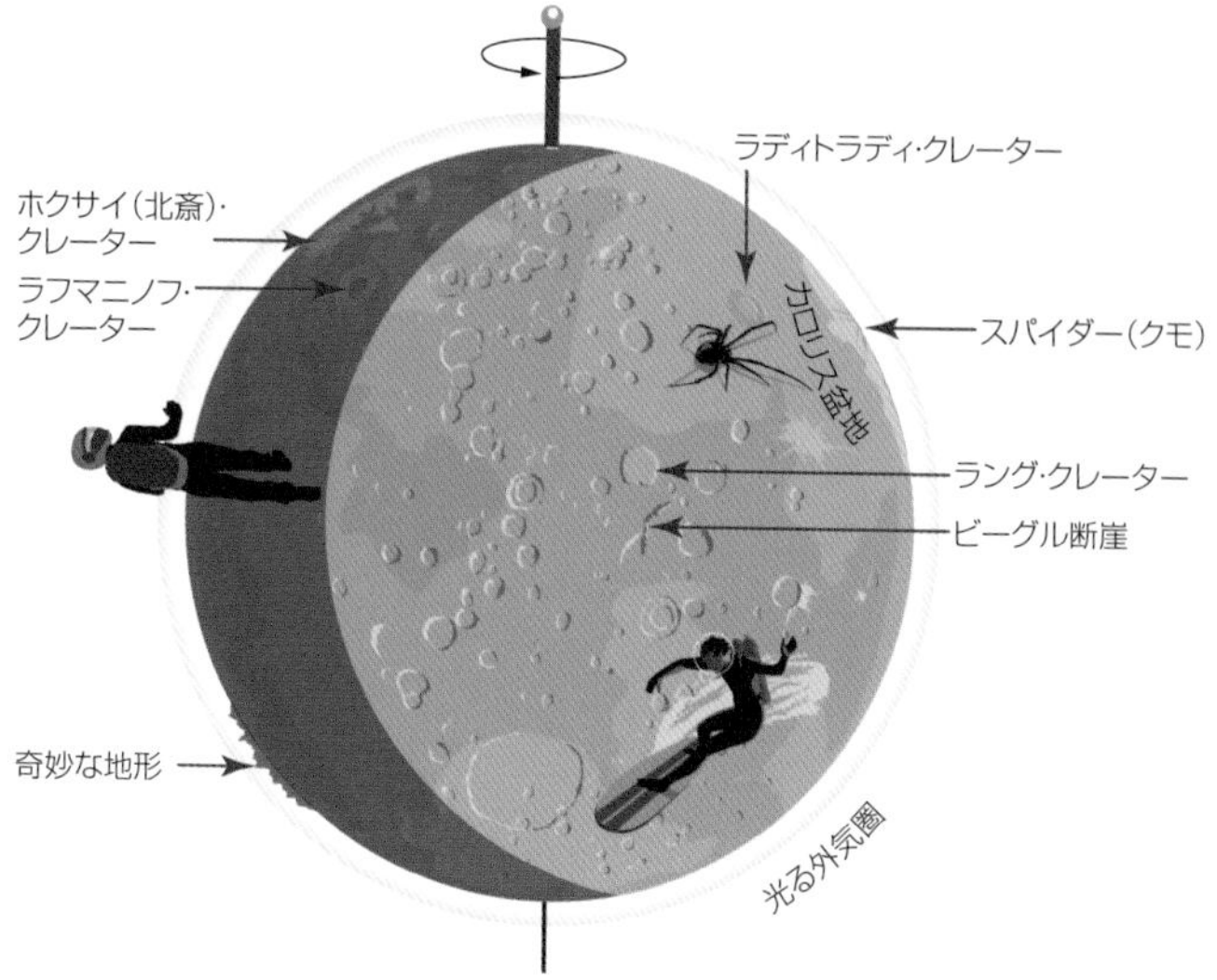

危険な太陽光線に背を向けた安全な影のなかで水星の数々の秘密に迫ろう。

軌道から北極に近づくと、直径100キロ近い「ホクサイ・クレーター」の息をのむような景色が見えます。この名は、巨大な波の木版画で最もよく知られる日本人浮世絵師、葛飾北斎にちなんだものです。クレーターの中心からは、小惑星の激しい衝突で砕け散った岩石による光が、車輪のスポークのように放射状に何千キロも延びています。北半球全域におよぶこの光条《こうじょう》（レイ）は、太陽系で最大級のもののひとつです。

北極は年間を通じてマイナス93度ほどの涼しい快適温度を保っており、これは地球でこれまでに記録された最低気温に近い温度です。水星の南北の極にはともに、けっして日の当たらない日陰のクレーターがあり、その内部には水の氷が存在します。北

明るい光条（レイ）の中心にあるのは水星の印象的なホクサイ・クレーター
出典：NASA/JOHNS HOPKINS UNIVERSITY APPLIED PHYSICS LABORATORY/CARNEGIE INSTITUTION OF WASHINGTON

の氷床は大きさにすると南極の氷床の1万分の1しかありませんが、それでもないよりはましというもの！

永遠に影のなかに入ったクレーターは安定した低温環境にあり、数十億年前の氷のコアを掘り出して太陽系の衝突の歴史を研究したいと考える科学者にとっては魅力的な場所です。現在検証されているひとつの理論は、ホクサイの形成が氷の塊である彗星によるものであり、この彗星が衝突の際に砕けて散った氷を極に浴びせたのではないかというものです。

もしあなたがアイスクライマーなら、極地域のクレーターの縁を登るのも楽しいでしょう。しかしスキーはむずかしいかもしれません。それなりに急な斜面もいくつかあるのですが、低温すぎて氷が岩のように硬いため、ひと筋縄ではいきません。

「プロコフィエフ・クレーター」――『ピーターと狼』で知られる、20世紀前半に活躍したロシア人作曲家セルゲイ・プロコフィエフに由来――は、北極最大のクレーターです。この盆地には広い氷の領域があり、科学者らによれば、クレーターの形成後かなり経ってから着氷したものと考えられています。

もし日程に2～3週間の余裕があるのなら、北極の中心付近にあるクレーター群の南に赴き、広大な火山性平原を探索してみてはいかがでしょう。何百キロにもわたって広がる溶岩原《ようがんげん》、何十億年も前に一帯を燃えるように熱い液体で覆った、想像を絶する大噴火が生んだその地の真ん中に立つと、自分が本当に小さな存在だと思わずにはいられないでしょう。

◎カロリス盆地

北極で十分に涼んだら、そろそろお待ちかねの「カロリス（ラテン語の「熱い」の意味）盆地」に向かうとしましょう。短い移動距離ながら、途中、古代の都市遺跡にちなんだ5つの広い峡谷――カホキア、カラル、パエストゥム、ティムガッド、アンコール――の空からの眺めも楽しめます。そのまま南に進みつつ東に目をこらしてみてください。「オスキソン・クレーター」がちらりと見えるかもしれません。これはアメリカン・インディアンの作家ジョン・ミルトン・オスキソンから名前をとったクレーターで、直径１２０キロのクレーター中央の連峰に囲まれて安住したいという作家たちの聖地ともなっています。

　ではこのへんで、盆地の中央より少し南、「アジェ・クレーター」に着陸してみましょう。床面の暗い、直径１００キロほどのこのクレーターの名は、19世紀末から20世紀初頭のパリを一大記録写真として収めたフランス人写真家、ウジェーヌ・アジェに由来します。このアジェを起点に、カロリス盆地の広大で滑《すべ》らかな溶岩平原を探索しましょう。太陽系で最大級のこの衝突クレーターはアラスカほどの広さがあり、直径約１５００キロ、周囲を標高３０００メートル級の山脈が取り巻いています。リング状の大きな山脈の内側には、激しい衝突によって流れ出した溶岩が冷えてできた、ゆるやかに波打つような丘陵が何百キロも広がっています。専門家は、何十億年も前にカロリス盆地をえぐった巨大小惑星は直径１００キロほどもあり、その衝突のあまりの激しさに、水星の裏の、盆地とは正反対の位置にでこぼこの地形ができたと考えています（それが「奇妙な地形」と呼ばれる場所です）。また、カロリス平原を造った溶岩流は広大な面積に広がり、地球の火山から流れる溶岩よりも粘性はかなり弱かったと考えられています。

　カロリス盆地内には、アメリカのゴシック作家エドガー・アラン・ポーや『叫び』で知られるノルウェーの画家エドヴァルド・ムンクの名を冠したクレーターなど、探索したいスポットがたくさんあります。なかでもとりわけ興味をそそる名所といえば「パンテオン・フォッサ」でしょう。地を這う気味の悪い蜘蛛に似ていることから通称「スパイダー」と呼ばれる一連の深い溝で

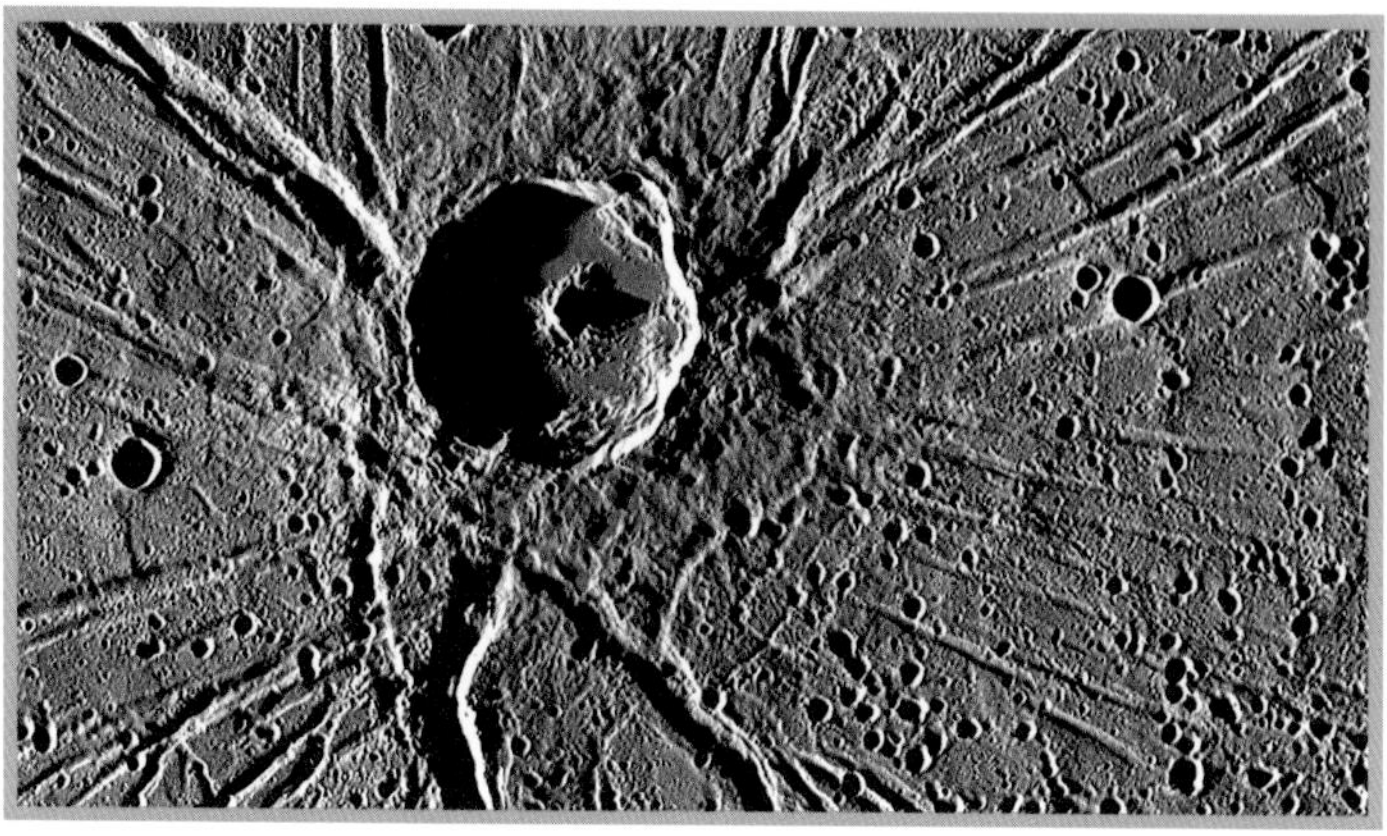

カロリス盆地を訪れたら、アポロドーロス・クレーターと「スパイダー」としても知られるパンテオン・フォッサを見学しよう。

出典：NASA/JOHNS HOPKINS UNIVERSITY APPLIED PHYSICS LABORATORY/CARNEGIE INSTITUTION OF WASHINGTON

す。中央の直径40キロのクレーターを囲むようにして、１００以上の地溝と呼ばれる深い峡谷が外に向かって延びています。地溝はそれぞれ幅数キロほどで、長さは３２０キロ以上におよぶものもあります。この峡谷がどのようにして形成されたのか、そして中央の「アポロドーロス・クレーター（パンテオン神殿の建築家に由来）」がその形成に関係したのかどうかは、誰にもわかっていません。もしかしたら、峡谷を散策しながらその一帯の不可解な過去の謎を解く手掛かりを見つけられるのはあなたかもしれません。パンテオン・フォッサの構造は水星のほかのどことも違って見えることから、惑星地質学の従来の理解を超えるものと言われています。

　地溝の探索には１日どころか１か月をかけてもよいでしょう。もちろん、手軽にすませたければアジェ・クレーターと中央のアポロドーロスを往復するシャトル便に乗ることもできます。ただし、すべてのシャトル便と地上でのアクティビティは太陽が出れば中止せざるをえないことをお忘れなく。日の出近くに峡谷のどこかで立ち往生する羽目にならないように気をつけてください。

ようやくまた日が沈んだらカロリス盆地の探索を再開し、アメリカの写真家イモージン・カニンガムの名にちなんだ「カニンガム・クレーター」を見にいくことができます。光と影のコントラストが強い水星は、白黒写真の撮り方を完璧にマスターする理想の舞台となってくれるでしょう。カロリス盆地の西、「ケルアック・クレーター」で一泊するのもおすすめです。直径約１１０キロのこの陥没地は、水星のビート・ジェネレーションたちのメッカです。クレーターの中心まで巡礼し、地球中心的な宇宙観がうすれたところで詩を吟じてみるのもすてきです。

◎ラディトラディ盆地のくぼみ

ケルアック・クレーターから２４０キロ西にあるのは「ラディトラディ盆地」です。直径約２６０キロの若い（できてたった10億年の）クレーターの真ん中に立つと、遠くにふたつの尾根があるのがわかります。ひとつは60キロ、もうひとつは１３０キロほど離れており、いわゆるクレーターの「二重リング」です。この盆地にはパンテオン・フォッサに見られるような凹地《おうち》もあります。おそらく水星表面の「伸長」、あるいは大規模な伸び縮みの間に形成されたのでしょう。

この浅い谷は放射状に外に広がるのではなく、盆地の中心から10キロほどの地点から波紋のように同心円状のリングを形成しています。

　ボツワナの劇作家で詩人のリーティレ・ディサン・ラディトラディに由来するこの盆地の最も興味深い謎は、その硫黄を含んだくぼみにあります。くぼみのなかの模様は最近作られたもので、つまり水星がなおも変化していること、表面では温泉などの活動が盛んらしいことがわかります。またこのくぼみは光をとてもよく反射し、水星の全体を占める赤茶けたグレイと比べて青みがかって見えます。ここ以外でも見られるこうした奇妙な陥没は、熱で地中の物質が気化した際にできたものかもしれません。夜はかなり安定しているものの日中は一部の物質がいきなり気体になる――いわゆる昇華のプロセスをとると考えられています。

　くぼみは深さが10～30メートルくらいまでで、難なく下りることができます。長さは最長で1・6キロ。下まで行くと、壁面は明るいものの、小さな峡谷にいるような気になります。ただし、あちこち行き来する際には十分気をつけてください。岩壁は穴だらけで、くぼみがだんだん広がっていることからわかるように、不意に崩落する可能性があります。もしあなたがベテランの旅行者なら、何十億年にもわたって衝突を繰り返して生まれたほかの古い地域とこの若い土壌の手触りの違いや、足下が砕ける音に気づくかもしれません。こうしたくぼみを観賞するのに絶好のポイントは「ケルテス」や「ゼアミ」などのクレーターにもあります。

◎ビーグル断崖

ラディトラディの南へは「ビーグル断崖」を歩いていくルートをとりましょう。これはクレーターをいくつか抜ける断崖で、全長640キロ、高さ1・6キロほどになります。水星に何十とあるこのような地面の裂け目は、この星が誕生した頃に内部の溶けた鉄が冷える際、惑星全体が収縮して生じたものです。こうした断崖の名称は有名な探検家の船名にちなんでいます。ちなみにビーグル断崖は、チャールズ・ダーウィンが南米とオーストラリアで幅広く科学的観察を行なう際に乗っていた英国海軍の測量船ビーグル号に由来します。断崖の北西にあるのは「ラング・クレーター」。1936年発表の『移民の母』の写真で知られるアメリカ人写真家ドロシア・ラングにちなんだものです。

◎ラフマニノフ・クレーター

直径300キロほど、二重のリングを持つ盆地「ラフマニノフ・クレーター」は水星で最も若い地形のひとつです。内側の直径約130キロのリング内には火山性溶岩流によるものと考えられる赤みを帯びたなだらかな平原があり、リングの南側部分はそうした溶岩に浸かっていたようです。運が良ければ星空のもと、ラフマニノフの曲を奏でる静かなナイトコンサートのようすが聞こえてくるかもしれません。実際には空気がないためにオーケストラが音色を響かせることは不可能なのですが、ここでは水星からジョン・ケージへの敬意ととらえることにいたしましょう

［ジョン・ケージは20世紀のアメリカの現代音楽作曲家で、代表作『4分33秒』は3楽章すべてが休符、つまり無音で構成されている］。

アクティビティ

◎1日2度の誕生日

最高の休暇を過ごしていると時間が止まったようになり、この完璧な1日が永遠に続いたらと思うものです。水星でのバカンスは、そんな夢の実現に最も近づけるものかもしれません。なにしろ地球の4224時間（176日）におよぶ水星の太陽日には、いろいろと詰め込むことができるからです。しかも1日に2度も誕生日を祝い、300歳を優に超えるまで長生きできるのです……水星年で数えるなら、の話ですけれど。

◎1日2度の日没を眺める

暗い空に浮かぶ太陽の奇妙なふるまいを目撃する——水星旅行の最大の魅力のひとつがこれです。もちろん、自殺願望でもないかぎり、太陽が空で繰り広げるダンスをじかに見ることはありません。太陽の曲芸は地下の望遠鏡から安全に眺め、喝采することが可能です。一風変わった見晴らし地点から、太陽がゆっくり時間をかけて頭上を通り過ぎるのを眺めましょう。うれしいこ

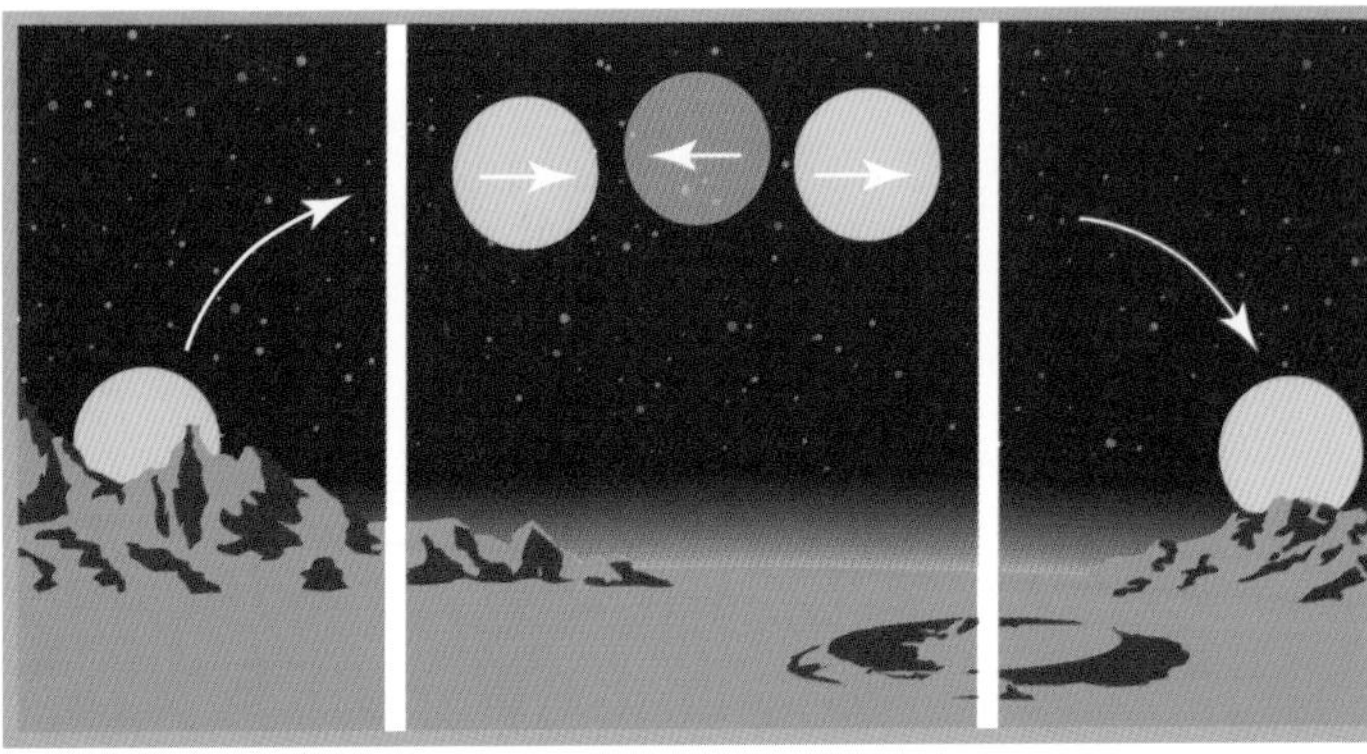

太陽系で最も魅力的な自然現象のひとつは、水星の空を太陽がうしろに動くことだ。これは水星の公転速度が速く自転速度が遅いことによるねじれ現象である。

とにその特別なひとときは、毎日体験することができます。昇った太陽がふと動きを止めたかと思うと、なんと次には一時的に逆もどりするかのように動くのです。その後太陽は再び日没に向けて地球数か月分の空の旅を続けるのですが、あなたがどこから眺めるかによっては、沈んでからもう一度昇ってくるようにさえ見えるかもしれません。これは水星が太陽に最も近づく点を通過する頃に公転の角速度が一時的に自転の角速度を上まわるためです。この機会に過去を振り返り、時間を巻き戻せたら自分はどうするかを考えてみるのはいかがでしょうか。昔の恨みは水に流し、水星の午前中に（つまりこの1年で）犯してしまった過ちを正そうではありませんか。

天空で奇妙に逆行する太陽はやけに大きく見えるかもしれません。でも大丈夫、紫外線アレルギーであなたの判断力がおかしくなっているわけではありません。水星は太陽に近いためそもそも地球で見るよりも太陽が巨大に見え、しかも公転軌道がかなり扁平な楕円なので、見かけの太陽は1年のなかで大きくなったり小さくなったりするのです。太陽に最接近する約4700万キロの位置（近日点《きんじつてん》）では太陽は地球で見る3倍の大きさに、太陽から最も離れる約7000万キロの遠日点《えんじつてん》にあるときは2倍程度に見えます。

◎太陽風セーリング

ソーラー帆船に反射型の帆を張りましょう。はるばる太陽から流れてくる光子《こうし》、すなわち光の粒子が鏡のような帆の表面に当たって跳ね返り、ほんのわずか船を押してくれるはずです。放射圧と呼ばれるこの複合効果を利用すれば、太陽系の7つの海を航海することさえできるでしょう。劇的な加速までは望めませんが、時間をかけてだんだんにスピードが増し、やがて天文学的な距離を稼ぐのに十分な速度で進むことは可能です。ただし、もし太陽フレアにつかまったら船のハッチは密閉してください。

◎永遠の日没を歩く

水星を訪れる主な理由のひとつは、ゆっくりと動く明暗境界線――昼と夜を分けるその線の上を歩くチャンスがあることです。水星はとてもゆっくり自転しているので、日の出の太陽に追いつかれずに歩くことができます。水星の明暗境界線は時速わずか3・5キロ。ゆっくり歩くのにぴったりの速度です（ちなみに地球の明暗境界線は時速1600キロほど）。境界線はドラマチックな影をもたらし、昼と夜のあいだの寒々とした光景を生み出しますが、じつは安全で驚くほど住みやすい気候を保ちます。ただし、遅れをとれば命取りになりかねません。もし直射日光を浴びてしまったら、水星のあちこちに点在する人間の炭の塊がまたひとつ増えることになります。究極のアスリートは、水星1周1万5300キロを一気に歩くという挑戦に夢中です。

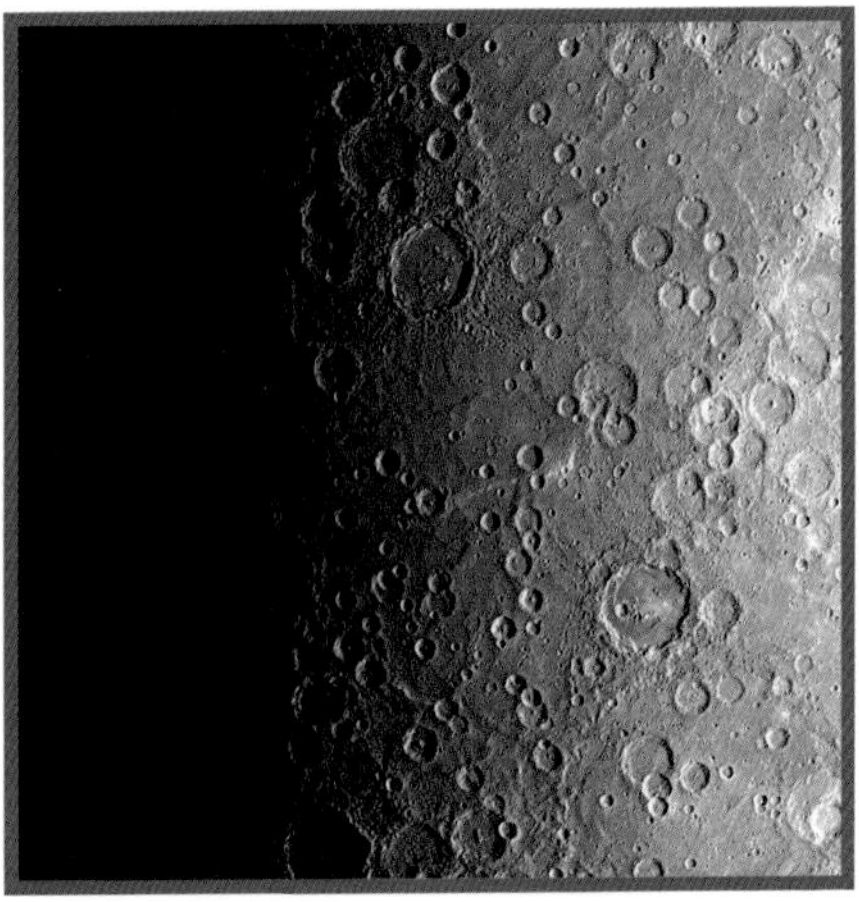

水星のターミネーターは未来から来たサイボーグではなく、太陽に照らされる側と暗い側を分けるゆっくり移動する線、明暗境界線（ターミネーター）である。

出典：NASA/JOHNS HOPKINS UNIVERSITY APPLIED PHYSICS LABORATORY/CARNEGIE INSTITUTION OF WASHINGTON

◎火山砂でスキー

10億年前の火山噴火で残されたきめの細かい砂は、サンドボートやスキーをするのに最高です。しかも低重力は大きなエアを決めるのに絶好のお膳立てときています。こうしたいわゆる火砕堆積物は水星じゅうのいたるところに何十となくあり、「カロリス盆地」の南西や「コープランド・クレーター」の西にあるのもそのひとつです。

◎外気圏の神秘的な輝きを堪能

水星のごく稀薄な大気である外気圏にはナトリウムが豊富に含まれています。夜になると、まるで駐車場のナトリウムランプのように琥珀色がかった輝きが空を包み込みます。地球のオーロラを連想なさるかもしれませんが、こちらは拡散して空全体をすっぽりと覆い、地平線に向かって明るくなる現象です。明かりとしては十分なものなので、地表でのアクティビティがすべて夜に行なわれることを考えると好都合です。

◎幽霊船を見に行く

水星を訪れた初めての宇宙船「マリナー10号」は1970年代に燃料がつきました。連絡は途絶えたままですが、今も宇宙空間を漂いつづけているかもしれません。言い伝えによれば、マリナー10号は今も調査を試みようと水星への呼びかけを続け、データを集めては宇宙の虚空へ不気味に通信しつづけているといいます。もうひとつ。2015年4月30日に意図的に水星に衝突して死を迎えた宇宙船「メッセンジャー」の残骸を見ることができます。直径約16メートルのクレーターが、このときの衝撃の強さを物語っています。

水星のガッサンディ・リゾート——低重力空中アクロバティック選手権の本場
[ピエール・ガッサンディは1631年に初めて水星の太陽面通過を観測したフランスの天文学者]

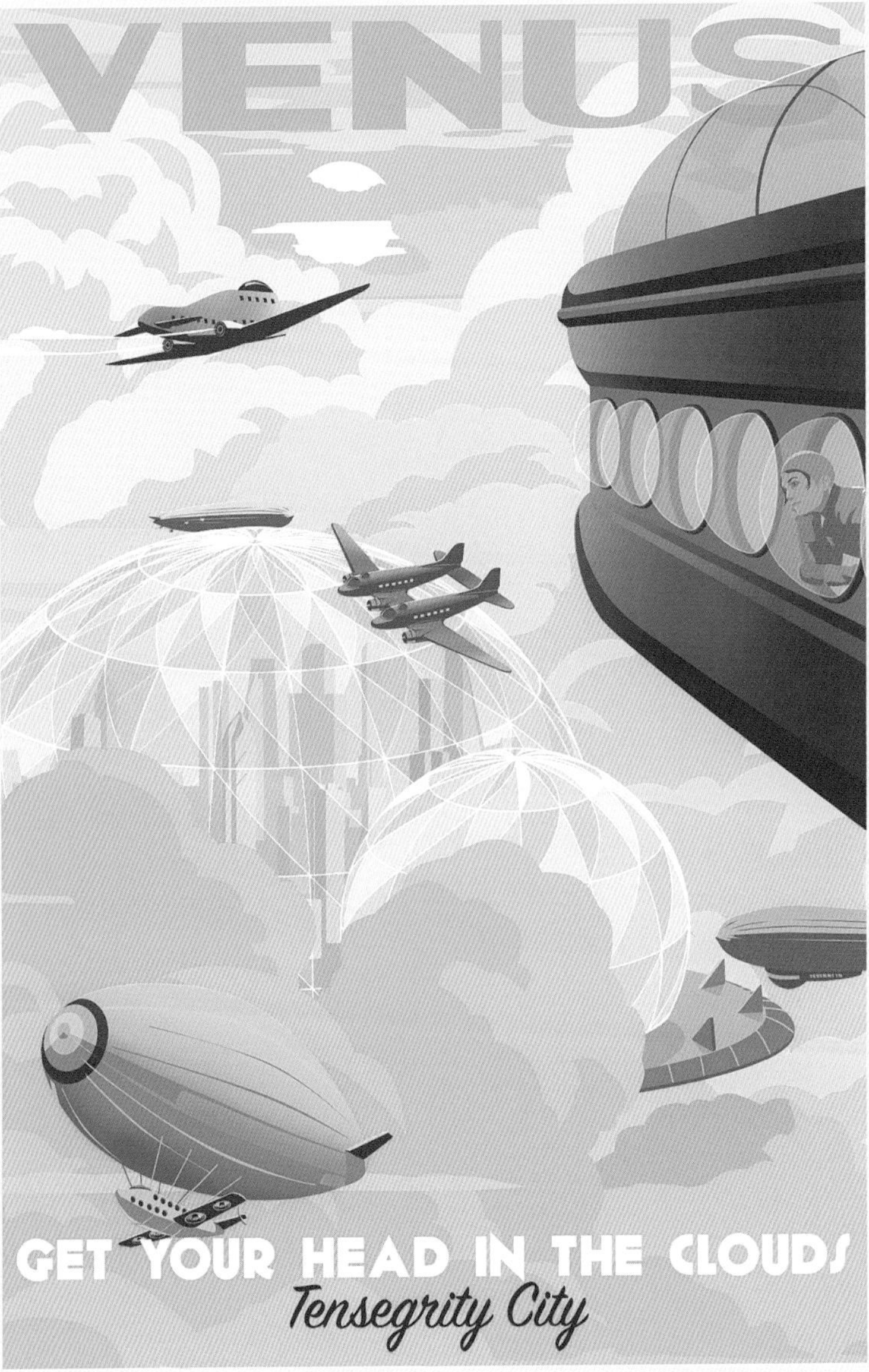

金星——空想に浸ろう　テンセグリティ都市

金星

♀

VENUS

「金星は恋人たちのためにある」とはよく言われる言葉です。たしかに、焼けるような金星表面のはるか上空で温暖な気候からはみ出さずにいるかぎり、金星《ヴィーナス》はローマ神話の愛と美と欲望の女神がその名の由来になっているとおり、仕事のストレスを離れて自分の時間を楽しみたいという気持ちをかきたててくれます。多くの旅行者は、金星がひときわ明るい星として夜空から手招きしているのを目にすると、そうだ、あの星にいつか行ってみようと思うのです。まさしく内省的なロマンチストのための星と言えるでしょう。

金星は私たちの最も近くにある惑星で、昔から地球の熱い双子星と呼ばれてきました。ただし、大きさも重力も似たようなものですが、温度は地球よりも平均430度以上も熱い星です。水星さえ抑えて太陽系で最も高温の惑星なのですから、とても耐えられる気候ではないと普通の観光客の方々が考えるのは当然です。けれども、ほとんどの人が正しく理解していないことがありま

♀ 早わかり

直径——地球よりやや小さい
質量——地球の81パーセント
色——黄色い光を浴びて金色から赤茶色に輝く
公転速度——時速約12万6000キロ
重力——68キロの人の体重が62キロになる
大気の成分——濃い。二酸化炭素96.5パーセント、窒素3.5パーセント
素材——岩石
環——なし
衛星——なし
温度（最高／最低／平均）——464℃／464℃／464℃
1日の長さ——2802時間
1年の長さ——地球の約7.5か月
太陽からの平均距離——1億800万キロ
地球からの距離——3900万～2億6000万キロ
到着までの所要時間——フライバイに100日
地球にテキストメッセージが届く時間——2分から15分
季節変化——ごくささやか
天気——ゆっくりだが強い風、酸性雨
日照量——地球のほぼ2倍
特徴的な点——浮遊都市
セールスポイント——暑さを求める人、空想家におすすめ

す。それは、金星の空には太陽系で一、二と言ってよいほど人にやさしい環境があり、きちんとした予防策を講じれば地表での娯楽はいくらでもあるということです。

金星の浮遊都市は神々しい雲景にキスをするように宙に浮かんでおり、そこでは天国にいるような気分を味わいながら硫酸霧のなかを漂うことができます。まずは、空気タンクを満タンにして耐酸性の服を身に着けることから始めましょう。あなたがあまり飛行機酔いするタイプでないなら、雲を眺めて楽しみましょう。気圧の高さが気にならないなら、金星との幸福なランデブーは約束されたようなものです。

天気と気候

金星の地表上空55キロ――そこは太陽系で地球の気候に最もよく似た場所です。『ガリヴァー旅行記』に登場するあの有名な浮遊都市ラピュータのように、眼下のひどい状況とは無縁の空間が広がっています。温度は30度台と快適であると同時に完璧に管理も可能であり、気圧も地球の表面気圧に近くなっています。

ところが、地表となると話は違ってきます。あなたが無類の超熱帯マニアでないかぎり、金星の灼熱の大地は悪夢のような地獄絵図と言えます。そこは文字どおり「太陽系一熱い惑星」です。大気の96パーセントは二酸化炭素、つまり地球温暖化の原因である温室効果ガスだらけ。厚いスモッグが大量の熱を閉じ込めるおかげで、温度は464度にまで達します。もし大気中に酸素があれば、なにかのかげんで紛れ込んできた紙はすぐに自然発火してしまうでしょう。ただし、熱を閉じ込める温室効果がなければ、地表温度は底冷えのするマイナス13度になるはずです。

金星の地表はこのように地獄のような世界ですが、パターン自体は単純です。濃い大気が緩衝材となり、温度は昼と夜、さらには金星の1年を通じて、それほ

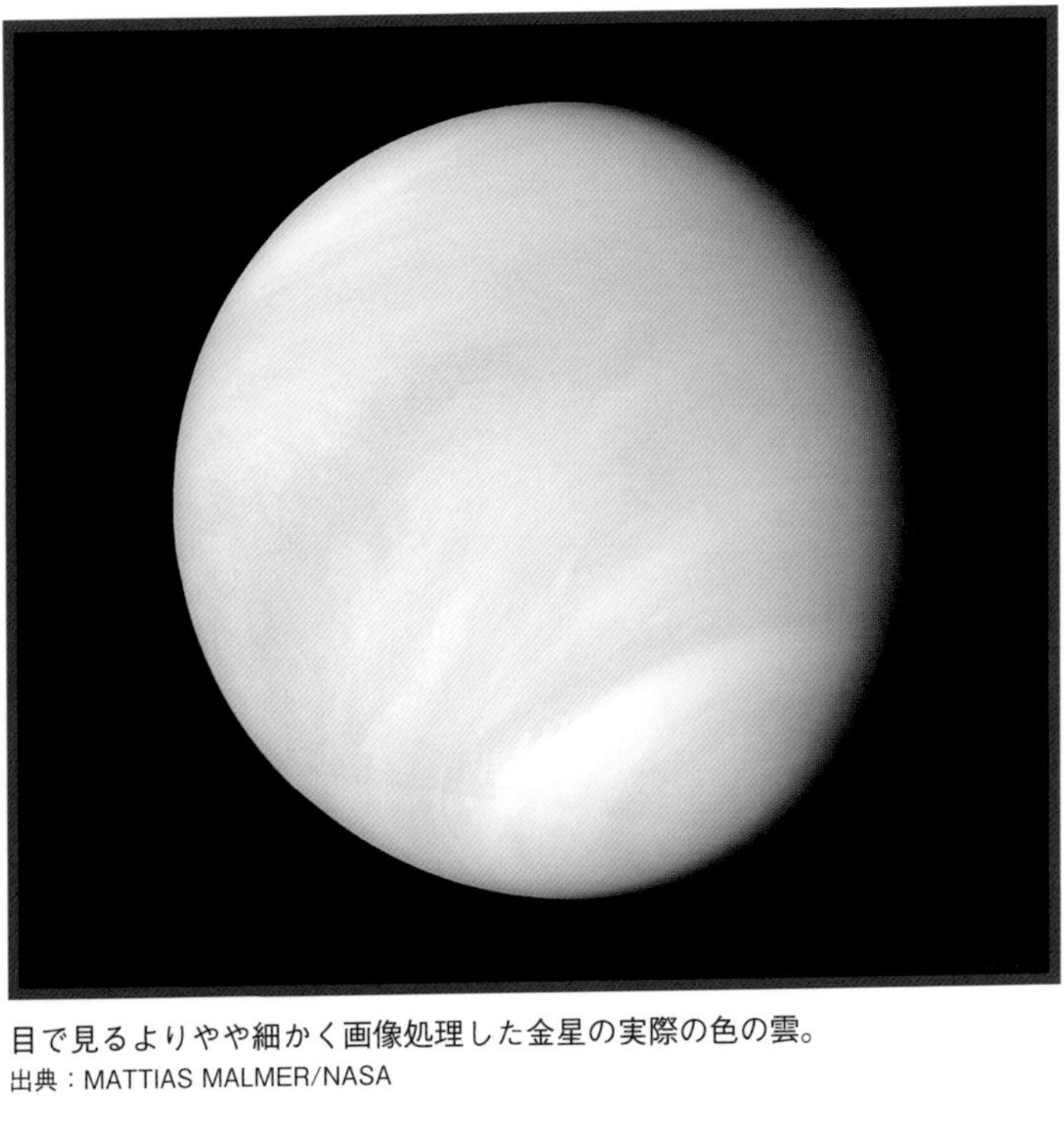

目で見るよりやや細かく画像処理した金星の実際の色の雲。
出典：MATTIAS MALMER/NASA

ど大きく変化しません。公転面の傾きが小さく太陽の光がほぼ均一に行き渡るため、季節はないも同然。１年は地球の７か月あまり（２２５日）で、自転にかかる時間は太陽系のどの惑星よりも長く、地球の２４３日分に相当します。これは自転周期が金星の１年よりも長いということで、さらには地球の１１７日に相当する金星の１日、つまり太陽がある子午線を通過して次にそこに戻ってくる太陽日よりも時間がかかります。

また、金星は不思議な逆向きの動き、つまり（天王星をのぞく）ほかのすべての太陽系の惑星とは反対方向に自転しています。もし金星の表面から厚い雲越しに太陽を見ることができ、まる１日観察できたとしたら（起きていられるように健闘を祈ります）、太陽が西から昇って東に沈むのが見えるはずです。金星がなぜこうした奇妙なふるまいをするのかは謎ですが、はるか昔に起きた巨大小惑星との衝突が関係しているのかもしれません。

古代金星の海に由来する水の痕跡はかなり以前に消えてしまっています。もしいま金星の表面にいきなり大量の水を注いだらソーダ水のように泡立ち、やがて蒸発してしまうでしょう。高い気圧や二酸化炭素の多い大気が巨大なソーダマシンのように働くためです。

金星の表面ではとてもゆっくりとした風が１日じゅう吹いています。濃い大気は軽い物体を簡単に吹き飛ばしてしまうので、この風は驚くほど強力なものかもしれません。ときおり天候が悪化して火山噴火を起こし、広く酸性雨を降らせることがありますが、この雨は地表に達する前に蒸発してしまいます。また金星では地球に似た雷も発生し、硫酸の雲のあいだを稲妻が走ることがあります。オレンジがかった黄色い空に不気味に光る閃光を探してみましょう。あの靄《もや》を透かして見ることができれば、の話ですが。

出発のタイミング

地表からはるか上空の温暖な気候内で宇宙船から離れずにいるかぎり、金星は「行こう」と思ったときがベストシーズンです。とりわけ自分と向き合いたい人には、心からの安らぎが得られる聖地となるでしょう。長い旅にはなるでしょうが、長すぎるとは思わないはずです。地球を不在にするのはおそらく数年間——ものの見方をすっかり改めるには十分な時間——にすぎません。たとえば大学の新卒者のような方がじっくり自分の存在を見つめに行くに値する星です。あるいは人生の大きな転機を迎えているとき、ひとまず回避して元気に自分をリセットするのにも、金星はもってこいの場所となるでしょう。

アクセス

これから行く観光地が動く標的だということを忘れてはいけません。金星は太陽のまわりを時速12万6000キロでまわり、その速度は地球より時速約1万9000キロ速いのです。金星までの距離は最短でも３８００万キロあり、距離を詰めるにはこちらのスピードを上げる必要があります。力ずくでスピードの差を埋めようとすれば——要するに、ロケットに点火すれば——大量の燃料を使うばかりか、予期せぬ形で軌道が変わってしまう可能性もあります。覚えておいてください。燃料は錘《おもり》であり、錘はお金だということを。

　ふたつの惑星間を移動するひとつの方法は「ホーマン遷移軌道」と呼ばれ、これは軌道をまわるふたつの物体を最小のエネルギーで結ぶコースです。20世紀初めにこの軌道を考案したドイツ人科学者、ヴァルター・ホーマンにちなんで名づけられたものです。この飛行計画を選択するなら、両方の惑星の軌道に接する楕円

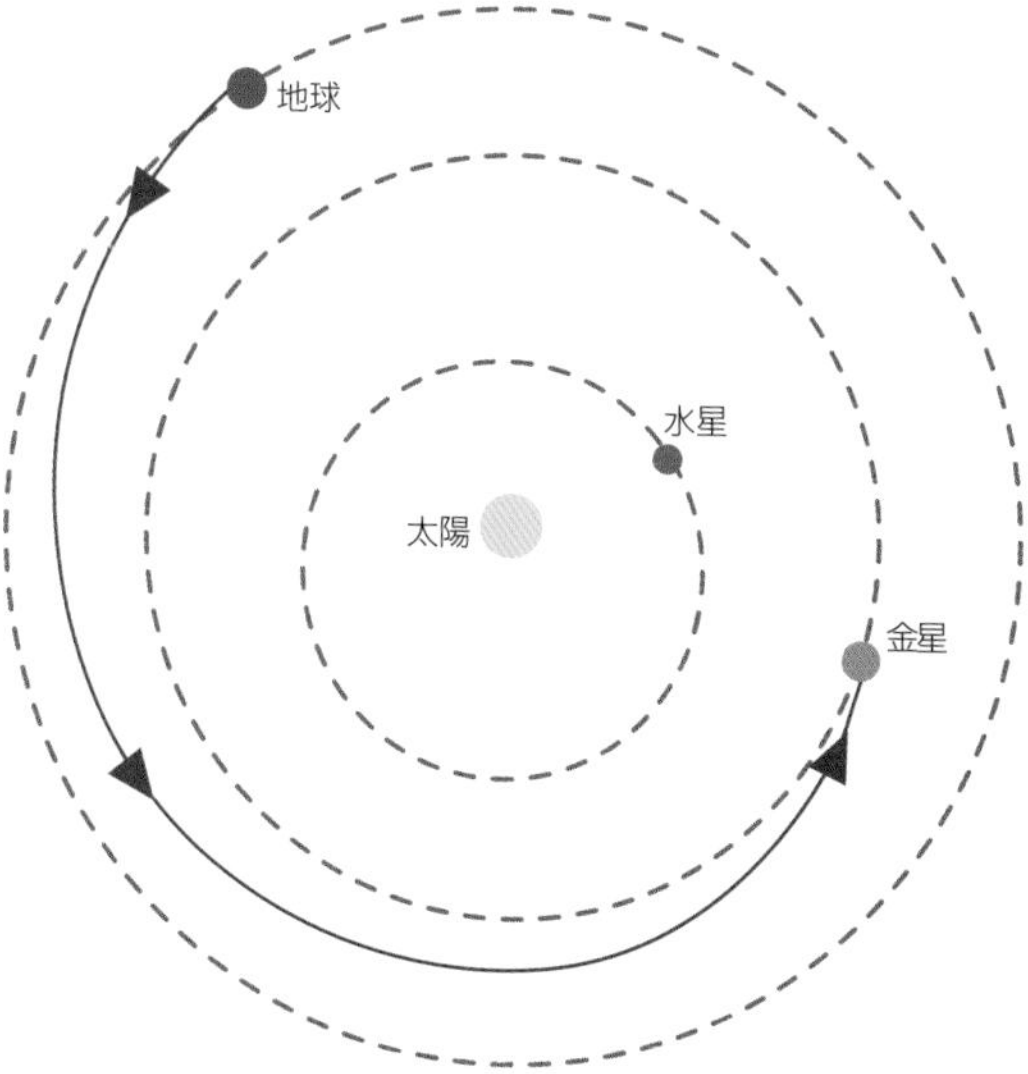

お隣の金星は1、2を争うホットなリゾート惑星。

軌道上を通り、5か月ほどで到着することになります。地球と金星はどちらも動いているため、ホーマン遷移軌道を飛んでいくには、打ち上げ可能なチャンス（ローンチウィンドウ）は19か月に1度しかありません。フライトはローンチウィンドウの終了間際に設定しないようにしましょう。打ち上げが延期されれば、再挑戦には1年半待たなければなりません。

金星に追いつくには、地球を発つときに宇宙船の速度を上げる必要があると思われるかもしれませんね。ところが、ロケット科学はそう単純ではありません。軌道経路と速度を金星と一致させるには、地球の公転とは反対方向にエンジンを点火する必要があります。そうすることで軌道が太陽に近づき、自然と速度が速まることになるからです。

ありがたいのは、金星には濃い大気があり、これがお金のかからないブレーキシステムを兼ねてくれることです。到着したら、大気の上部に乗って減速することができます。ただし注意してください。金星の大気はあまりに濃いので、うっかりそのなかで燃えつきてしまうこともあります。

到着！

宇宙で漆黒の長い時間を過ごしたあとでは、金星の明るさに目がくらむかもしれません。しかし、明るいのは金星の表面ではありません。この世のものとは思えない雲の上部が明るいのです。

厚い雲層のなかで見え隠れしているのはキラキラと輝く空中都市。この安全で豪華な安息地が、この旅の最初の滞在地です。

おそらく金星の空は親しげで魅力的に見えることでしょう。が、二酸化炭素の多い金星の大気はあっという間に人を窒息させる魔物です。ただし良い点もあります。金星を一面に覆う濃い気体のなかでは、地球の空気が浮きやすいことです。人間が呼吸できる空気で満たした居住モジュールは、地球のヘリウム風船のように浮きあがることが可能です。この「テンセグリティ都市」は、20世紀の天才発明家バックミンスター・フラーが初めて考案したジオデシック（測地線）構造の浮遊式住居に由来し、地球の都市と同じくらいの大きさがあります。まわりの大気を遮断し、地球に似た空気で満たしたこの都市は、その空気のおかげで金星の空にとどまることができるのです。窓の外に目をやれば、自分がぷっくりとした白雲の厚い層のなかにいるのがわかるはずです。でも楽しげな見た目にも油断は禁物。雲の多くは硫酸でできています。

地表では1日の長さは2802時間ですが、空に浮かんだ浮遊都市は雲といっしょに動くので、わずか100時間で金星を1周します。とはいえいつもの24時間ではありませんので、昼50時間、夜50時間のサイクルに慣れなければなりません。現地の習慣は、25時間のなかで1度眠るというものだそうです。つまり、浮遊都市で過ごす1日のあいだにこの睡眠サイクルの2回は日中、2回は暗闇でまわってくるということになります。ホテルの部屋には雲を眺めるための大きな窓と遮光用のロールスクリーンがあり、太陽が出ているときに眠るのを助けてくれます。

浮遊都市は風で揺れます。乗り物酔いしなくなるまで十分な時間がとれるような余裕のある旅行計画を立てておきましょう。すぐに慣れる方もいれば、1週間程度は気持ち悪いとおっしゃる方もいます。また、空の住人には、おだやかな揺れにくわえて乱気流も絶えず脅威となります。地球の暴風警報のように、金星でも、天候不順が予測されるときには乱気流警報が出ます。

一方、地表に行くと、状況はまったく違うことがすぐおわかりになるはずです。金星の地上はオーブンであり、圧力鍋です。地表面気圧は地球の海面気圧の90倍。深さ900メートルの深海と同じ圧力、ということになります。

それでも、地表で目にするものには苦労して見るだけの価値があるでしょう。雲層のはるか下では、金星に降り注ぐ光が美しいオレンジ色にかすんでいます。青い光は大気を通るときに赤い光よりも散らばりやすく、だから地球の空は青いのですが、金星のとりわけ濃厚な大気のなかでは、この散乱した青い光はより強く吸収されます。そうしてオレンジ色の光だけが残り、金星の空は永遠にアンズ色のままとなります。その眺めに、あなたは地球の夕焼けを思い起こすかもしれません（ただし、雲が厚すぎて太陽を見ることはできないのですが）。光の弱さに不気味さを感じる人もいます。また、薄暗さのなかで視覚のゆがみが起きることがあります。砂漠の蜃気楼のように、空や遠くの物体からの光が屈折を起こすことがあるからです。自分の目がまわりを正確に見ているかどうか確信が持てない状況では、移動は慎重にお願いします。目測に頼らず、地図か衛星ナビゲーションを使って現在地を確認するようにしてください。また、方向感覚を失うこともあります。これは金星の奇妙な音のせいです。濃厚な大気のなかでは、すべての音は低音が勝って通常よりも低く響き、ひずんで、気味の悪いうなりのように聞こえるからです。

移動する

金星の雲を航行する方法はいろいろあります。濃い大気は滑空するにはもってこいの条件です。金星の軽飛行機は地球の飛行機に驚くほど似ています。太陽が近いことを利用して、太陽エネルギーだけで飛行が可能。雲の最上層より上では太陽光は地球上の2倍の明るさがあり、そのエネルギーは軽飛行機を飛ばすにはありあまるほどです。ただし、うっかり雲に突っ込んだり、夜側に深く入り込みすぎたりしないようにしてください。さもないと電力を失い、水泡だらけ

頑丈な乗り物で金星のひび割れた泥炭土を周遊

になって死んでしまうかもしれません。

テンセグリティ都市の集団生活に疲れてひと息つきたくなったら、個人向けの飛行船でしばし雲隠れするのはいかがでしょうか。こぢんまりしたひとり乗りの、あるいは——もしふたり乗りのほうがくつろげるというのでしたら——ふたり乗りの飛行船で空中都市から抜け出し、気流に乗って雲をめぐるツアーもご用意できます。ただしジェット気流に煽られてコースからそれないようにくれぐれもご注意ください。

眼下に広がる伝説の溶岩原をどうしても間近に見たい方にはお願いがあります。地表に降下することは、地球の海を深さ数百メートル、あるいは数千メートル潜るようなものです。しかも暑さは地球の30倍。車輪付きの潜水艦のような乗り物を必ず手配してください。乾燥した地表をめぐる際には、こうした強化RV車が家の役目を果たします。また、地獄のような気候に耐えられる空調システムもお忘れなきように。

観光スポット

◎イシュタル大陸（イシュタル・テルラ）

バビロニアの愛の女神にちなんで名づけられた「イシュタル大陸」は、乾いた土地に囲まれた島状の土地で、オーストラリア大陸よりやや大きいくらいの広さです。東の尾根にはエベレスト

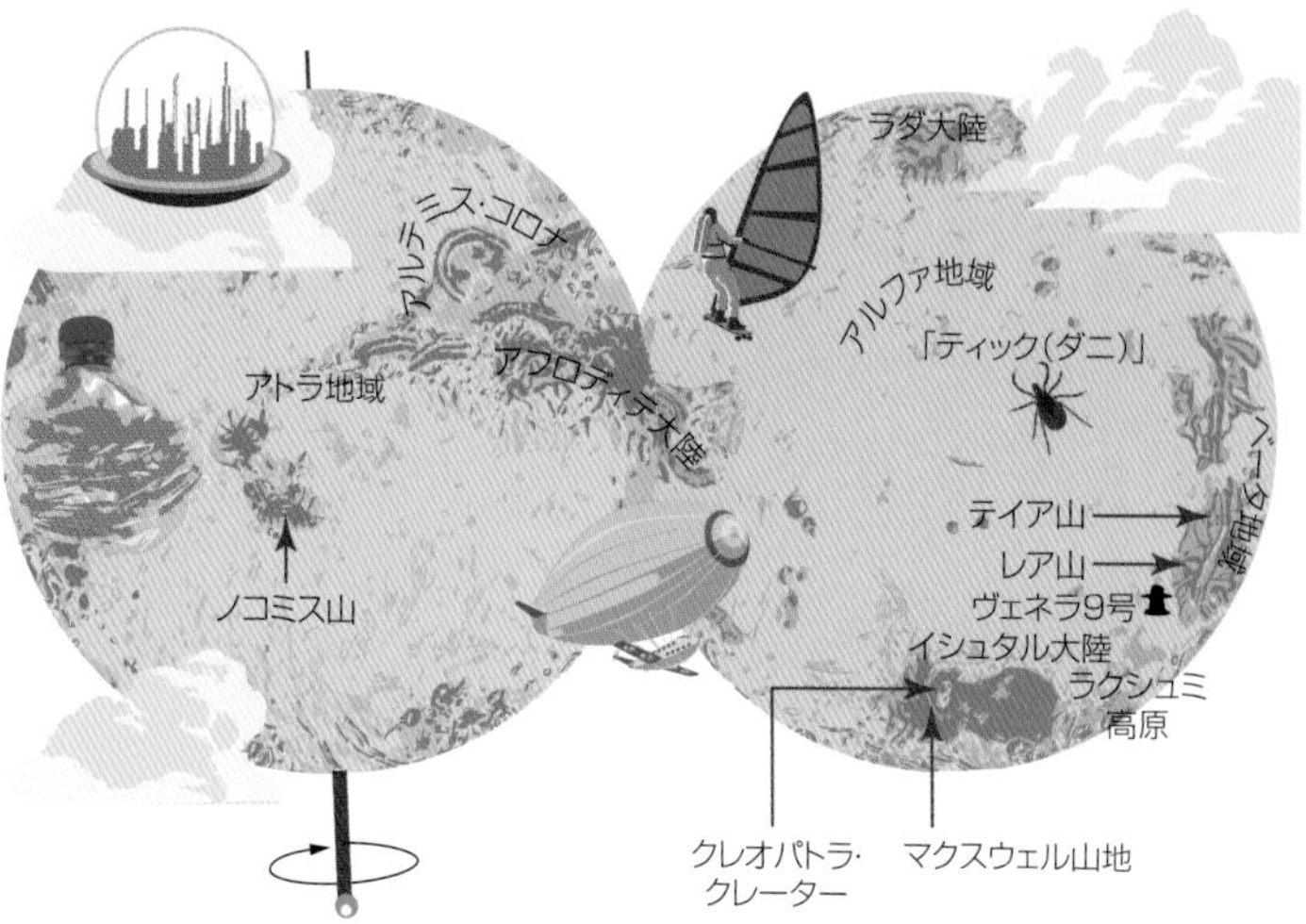

陸路でも空路でも、見るもの、することがたくさん待っている。

山より高い山々が連なる「マクスウェル山地」があります。また、「サカガウィア」「クレオパトラ」という火山もあります。内陸に広がるのは「ラクシュミ高原（ラクシュミ・プラヌム）」。チベット高原と同じくらいの標高です。バビロニア神話では、イシュタルは冥界を訪れ、そこで冥界の女神によって数々の門をくぐるたびに身に着けているものを置いていかされます。ただしお客さまがあえてイシュタルを探索したいということであれば、きちんと服は身に着けておいてください。宇宙服なしでは、2、3度呼吸しただけで意識を失い、すぐに窒息してしまいます。

◎アフロディテ大陸（アフロディテ・テルラ）

広さがアフリカ大陸ほどのこの隆起したエリアは、ちょうど赤道周辺に横たわり、金星の南半球へと広がっています。この大陸の「オヴダ地域（オウダ・レギオ）」と「テティス地域（テティス・レギオ）」のふたつの高原を訪れてみましょう。巨大地震と地殻の圧力が大地を褶曲《しゅうきょく》させて地面に大きなタイルのようなひずみを生み出し、尾根と谷は奇妙な交差模様を描いています。

◎アルファ地域（アルファ・レギオ）

「アルファ地域」の東端にあるパンケーキ・ドーム帯には、重なり合うパンケーキのような7つの円形の丘が連なっています。丘は丸くて平らで大きく、表面はひび割れています。パンケーキ・ドームは地球には見られない特異な火山で、地表からどろどろの溶岩が噴出し、それが冷えてガスを放出した際に形成されたと考えられています。特に「ティック」はお見逃しなく。直径160キロ以上の火山で、上から見るとダニ《ティック》の脚のような尾

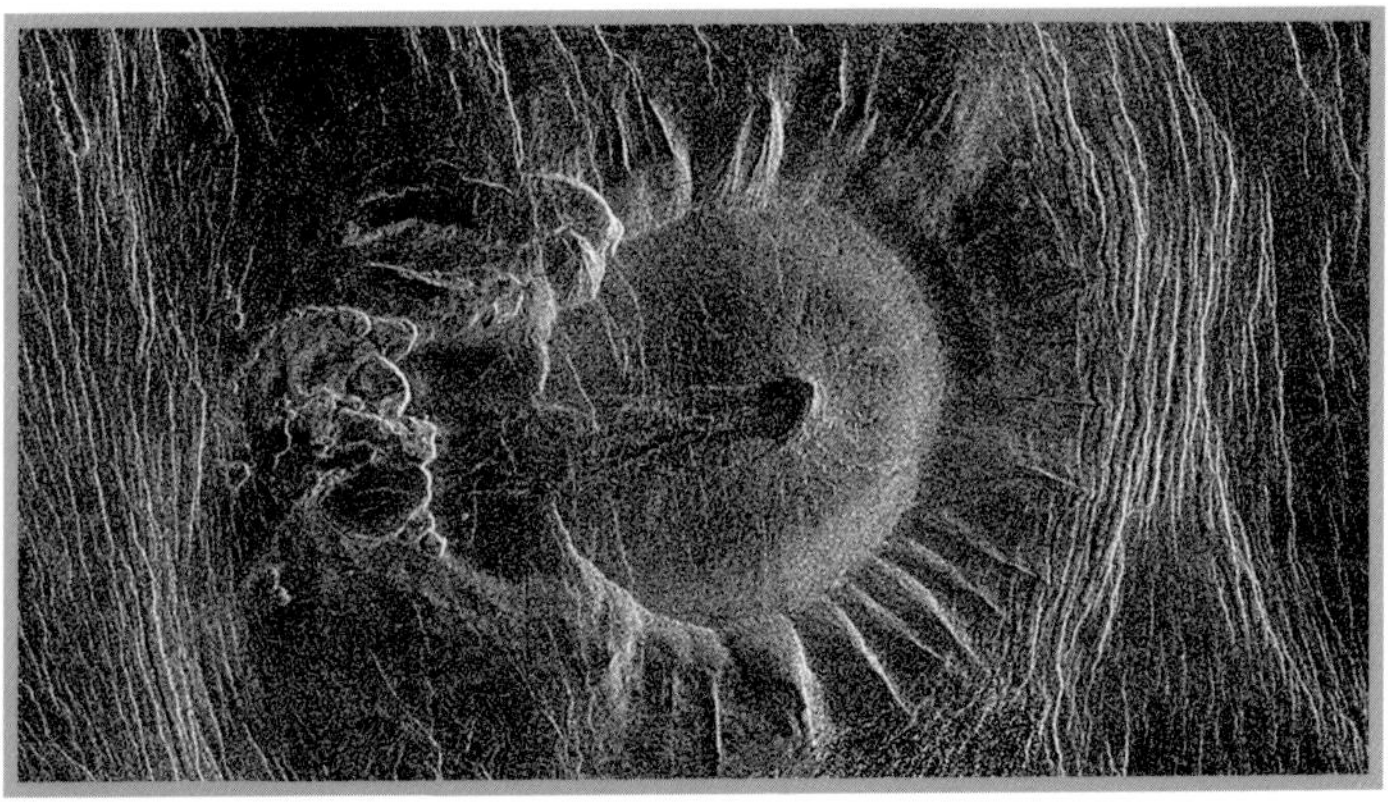

独特な形状から名づけられた金星の火山、「ティック（ダニ）」を見にいこう。火山本体の直径は約35キロ。出典：NASA

根と谷があります。

◎ベータ地域（ベータ・レギオ）

この高地には「テイア山（テイア・モンス）」と「レア山（レア・モンス）」のふたつの大きな山があります。まるで双子の山のように見えますが、テイアは火山で、レアは火山ではありません。テイアは楯状火山《たてじょう》――底面が広く、ゆるやかな傾斜を持つ形状から楯を伏せたように見える地形――で、ハワイのマウナ・ケア山のように、流動性の高い溶岩が長い年月をかけて何層にも重なって形成されたものです。レア山とベータ地域の南にある「デヴァナ谷（デヴァナ・カスマ）」は直径約160キロ、底までの深さは約6・4キロです。

◎ラダ大陸（ラダ・テルラ）

「ヘレネ平原」「ラウィーニア平原」「アイノ平原」に三方を囲まれたこの隆起エリア（まわりに海のない大陸）にはいくつかの絶景ポイントがあります。深い地溝帯を訪れ、縁から底を眺めてください。火山活動と地殻変動によって形成されたリング状の地形、「クエトザルペトラトル・コロナ」も、ぜひ行ってみてほしい場所です。

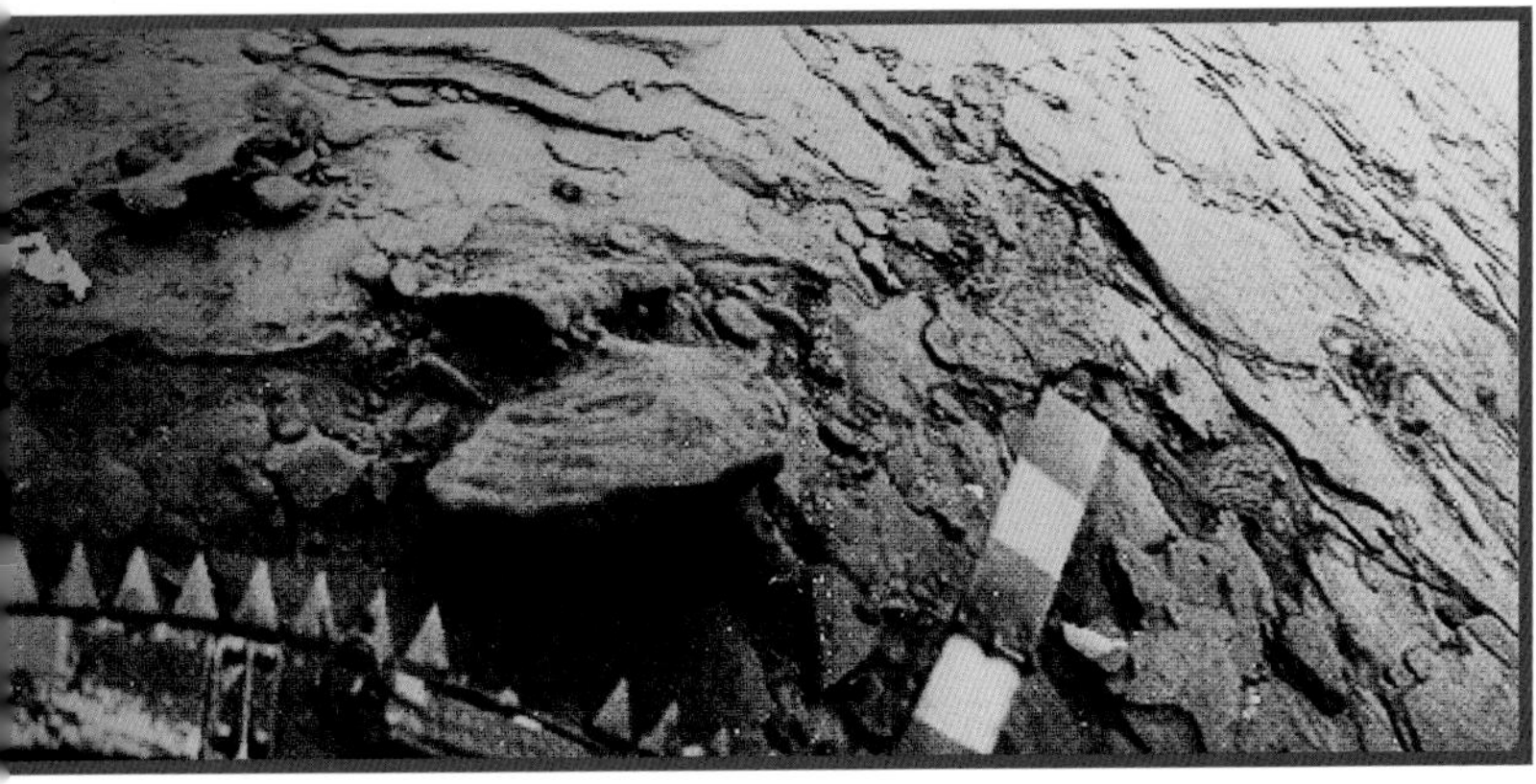

◎初期探査船の着陸地点

死んだロボットの残骸をめぐるツアーもあります。1961年、ソヴィエト連邦は金星に調査探査機を送り込みはじめました。しかし過酷な状況下で長く生き延びた探査機はなく、初期のものは有益なデータをいっさい送ることができずに次々と死んでいきました。コストはかかりましたが、ソ連の技術者たちはこうした試行錯誤を経て、熱い大気に耐える探査機造りを学んでいきました。8度目の挑戦では、探査機は事切れるまでの1時間を耐えることに成功しました。そしてヴェネラ9号と10号が、ついに金星の表面を撮影したのです。1978年に打ち上げられたNASAのパイオニア・ヴィーナス2号は、金星の大気を調査したのち、ごく短いあいだですが金星の地表から地球に信号を送ってきました。探査機の衝突地をまわって楽しむ人は多いのですが、ロボットの大量の死体に出くわすことになるので少々覚悟が必要です。

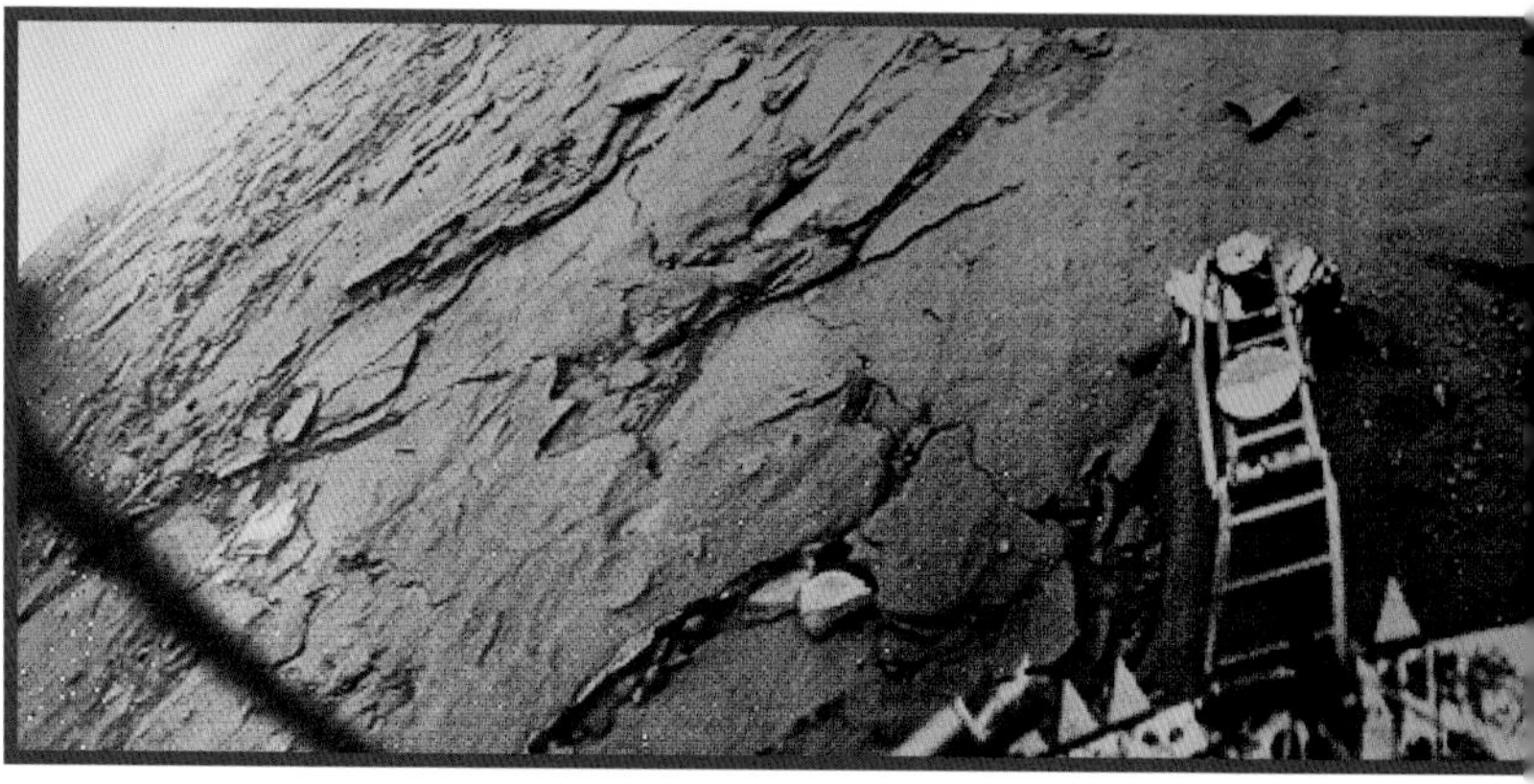

初めて撮影された金星表面の写真の1枚　出典：RUSSIAN SPACE AGENCY

アクティビティ

◎雲のなかを散歩

展望デッキに出れば、金星の新鮮な空気は望めなくても、浮遊都市の管理された環境からはしばらく逃げ出すことができます。その際、浮遊都市の高度であれば気圧は地球の気圧と同じくらいなので問題はありません。皮膚を酸性霧から完全に保護し、呼吸用のエアの供給源を確保すれば、かさばる与圧服に邪魔されずに雲頂を堪能できます。濃い硫酸の雲や強風のなかを通ることのないよう、天気予報と都市の高度はつねにチェックしてください。ひどい酸熱傷を負ったりしたら、最高に楽しい散歩が間違いなく台無しになってしまいます。

◎星を眺める

金星の夜長、雲の上から地球を見るのはすてきな体験です。船がときおりガタガタ揺れるのはご愛嬌。望遠鏡に複雑なスタビライザーをつければまずまずスムーズに眺めることができるでしょう。どうにも困ったときに役立つのが双眼鏡です。小さな点のようではあるものの、わずかに青みがかった明るい地球が見られます。また、水星は地球からよりも観測しやすくなり、反対に火星は金星からのほうがぼんやりと見えます。そうそう、月も見えるはず。ただし地球と水星と月以外は、地球からの眺めとほぼ同じです。

◎丘サーフィン

金星の大地でするサーフィンは、地球のウィンドサーフィンとかなり似ています(ただし、涼しい風とキラキラ光る海はありません)。大気が濃いので、車輪をはかせた屋根付きのボードで地面を蹴り出せば、すぐにゆるやかな風をとらえて埃っぽい大地を進んでいけるはずです。とがった岩に耐えられる、大きくて頑丈な車輪のボードを選びましょう。金星最大級の盆地「アタランテ平原(アタランタ・プラニティア)」に行くときはぜひサーフボードを持参してください。滑らかな地形は競技にも最適です。

◎つぶす

それほど魅力的でもスポーツでもありませんが、金星の雲の都市《クラウドシティ》を訪れる観光客の多くは、ペットボトルをつぶすのが大好きです。蓋をしめたペットボトルに長いひもを付け、地表に向かって投げてから引き上げてください。ひもが十分に長ければ、ペットボトルはくしゃくしゃにつぶれているはず。ただし、あまり下まで行きすぎるとボトルは完全に溶けてしまいます。

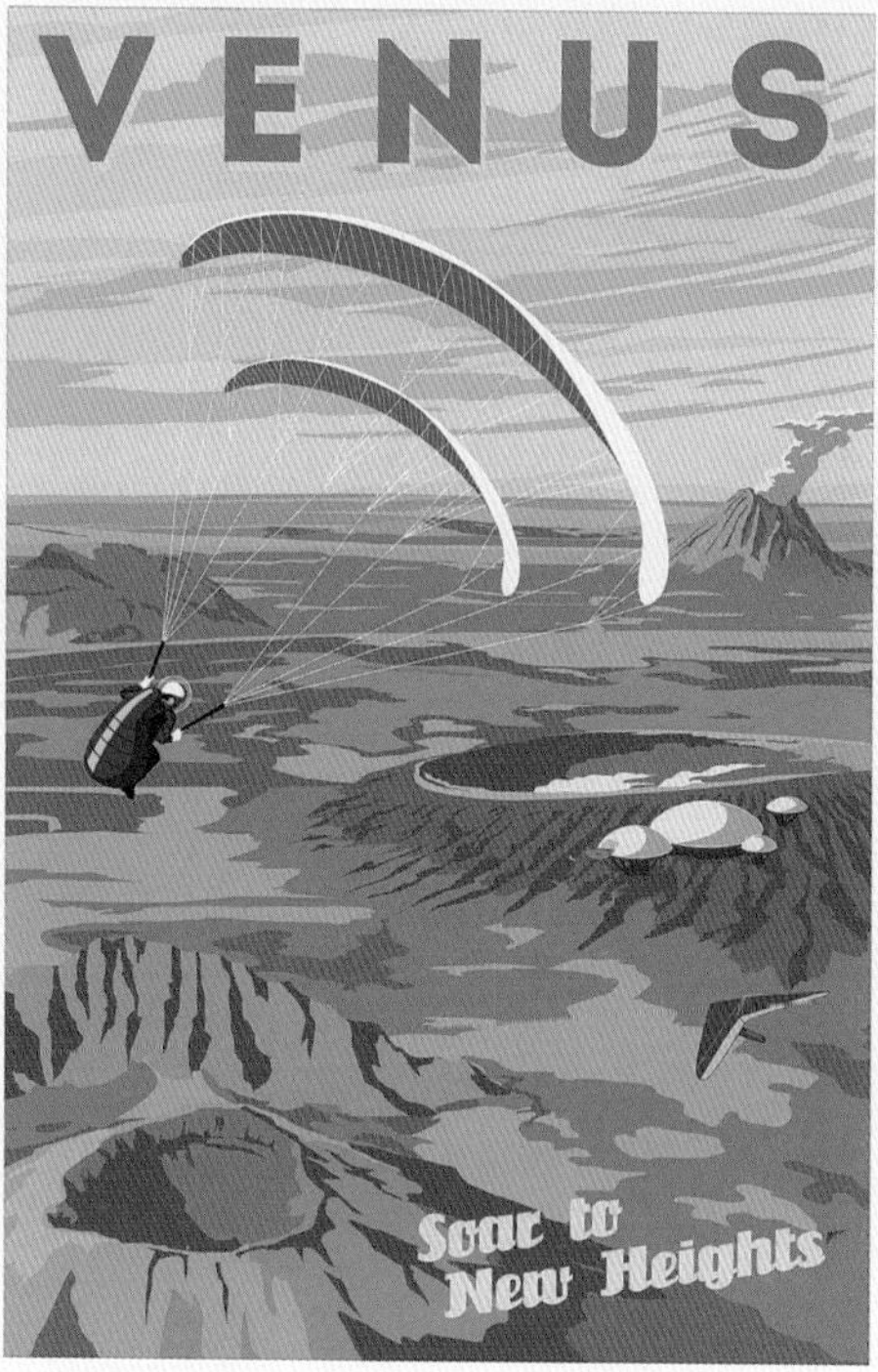

金星──新たな高みへと舞い上がろう

フォボスで大ジャンプ　火星からほんのひとっ跳び

火星　♂　MARS

赤い惑星に降り立ってみたいと夢見たことのない人などいるでしょうか？　バタースコッチ色の空。壮大な峡谷。太陽系で最も高い火山。火星は、ロマンチストにとっても冒険家にとってもオアシスと言える星です。凍てつく広大な砂漠はエキゾチックで、それでいて不思議に懐かしく感じられます。海は干上がり、大気は流れ去ってほぼないに等しい火星は、まるでこの世の終わりの並行宇宙《パラレルユニバース》に存在する小さな地球のように思えるのです。そこに残っているのは、塵と岩のほか、地球のいっさいの重力と重たい大気の呪縛とは無縁の豪華リゾート地の数々です。

火星では足が軽くなったように感じられます（大丈夫、ちゃんと地に足はついています）。地表気圧は地球の3分の1強。温度は、赤道近くであれば心地よい20度ほどに達することもありますが、たいていはマイナス60度を下まわっています。すでに月に行った経験があり、次の挑戦への準備は整っている、でも、たとえば冥王星に行くほどの宇宙旅行に人生をささげる覚悟はない——

♂ 早わかり

直径——地球の半分強

質量——地球の11パーセント

色——黄褐色、茶、赤さび色

公転速度——時速約8万7000キロ

重力——68キロの人の体重が26キロになる

大気の成分——非常に薄い。主成分は二酸化炭素で、ほかに微量の窒素、アルゴン、酸素、一酸化炭素

素材——岩石

環——なし

衛星——2

温度(最高/最低/平均)——35℃/マイナス89℃/マイナス63℃

1日の長さ——24時間40分

1年の長さ——地球の約23.5か月

太陽からの平均距離——2億3000万キロ

地球からの距離——5500万キロから4億キロ

到着までの所要時間——ランデブーに地球の200日

地球にテキストメッセージが届く時間——3分から22分

季節変化——極寒の冬と肌寒い夏

天気——断続的な砂塵嵐、ときどき雲

日照量——地球の半分弱

特徴的な点——太陽系最大の火山であるオリンポス山、最大の峡谷であるマリナー峡谷

セールスポイント——ロッククライミング、低重力ハイキングにおすすめ

そんなときは火星がおすすめです。

天気と気候

うだるような夏の暑さから脱出したいなら、火星は理想的な厳寒の保養地です。太陽からの距離が地球の約1・5倍ある火星は、地球よりもずっと寒い星なのです。

火星の季節の移り変わりは地球にとてもよく似ています。自転軸の傾きが2度も違わず、ほぼ同じだからです。ただし火星は大気が非常に薄いために、季節は地球よりもずっとおとなしいと言えるでしょう。吹雪も、激しい雷雨も、落葉も（ついでに言えば木も）ありません。季節の変化はわずかなものです。四季の移り変わりを感じとれるのは、岩に当たる日光の具合や、風の強さと向き、雲のあるなしの違いなどにかぎられるでしょう。最も激しく変化するのは極地方です。ここでは太陽の光の変化で極冠《きょくかん》［火星の南北両極を覆う氷床］が大きくなったり小さくなったりします。

自転軸の傾きは地球も火星も同じくらいですが、火星の周回軌道は地球のそれよりも大きく、しかもつぶれた楕円軌道を描いています。地球に四季があるのは太陽からの距離によるものだというのは一般によくある誤解です。地球の軌道は真円に近いので太陽からの距離は季節に強く影響しません。しかし火星は地球よりも細長い楕円軌道をとるために、自転軸の傾きにくわえて、太陽からの距離も季節の性質を決める一因になります。火星は南半球が冬のときに太陽から遠ざかるので南半球の冬はとても寒くなります。いっぽう北半球の冬は太陽に近いため、寒さは少しおだやかです。

季節に関係なく、火星での難題は塵です。塵はまるで第二の皮膚のように宇宙服を覆い、ローヴァーや居住スペースの気密シールや機器の歯車に問題を引き起こします。ひっきりなしに吹き荒れる砂塵嵐はときに火星全体を覆いつくし、太陽の光をさえぎることさえあります。嵐に襲われたときの最善策は、とにかく居住スペースか乗り物のなかに避難して嵐が去るのを待つこと。とはいえ、不気味な印象とはうらはらに、火星の砂塵嵐は体感的には見た目ほどひどいものではありません。火星には地球の100分の1ほどの薄い大気しかないために、嵐のせいで視界が悪くなったり太陽発電に支障が出たりはするものの、風はさほど強風にはならず、せいぜい夏のそよ風程度にしか感じられません。ただし季節の変わり目、とりわけ極冠のそばでときおり発生する非常に激しい暴風は例外です。

火星の空には雲が見えることがあります。主成分は水の氷で、オレンジ色の空で際立つのはその白さのためです。火星の雲は低く、薄く、かすんでいます。また運が良ければ、霧に出くわすこともあるかもしれません。地球の霧と同じように、火星の霧も低地の冷たい地面の近く、特にマリナー峡谷などの深い谷で発生します。そして地球の霧と同じように、日が昇るにつれてだんだんと消えていきます。

砂だらけのわりに、火星では地球のビーチのようなものは見つかりません。気圧が低すぎて——地球の高度30キロ以上の気圧と同じ——液体の水は長く地表に存在できないからです。水はそうした状況では、たとえ温度が地球の水の氷点をはるかに下まわっていても、いとも簡単に蒸発してしまいます。だからこそ流水はめずらしく、観光客は自然に生まれたつかの間の水の流れを探しては楽しんでいます。水を目撃できるのは一定の季節にかぎられ、主に夏の数か月間に集中します。こうした自然の流水は、「アルギュレ平原」の南にある「ヘール・クレーター」で見つけることができるでしょう。

北極と南極の大きな氷の層——永久影になったクレーターのなかでそのまま残されている——を別にすれば、ほとんどの水は地下にあります。もし火星で水を見つけても、浄化せずに飲んではいけません。水は塩分を含み、だからこそ凍らずにすむのですが、多くの場合、過塩素酸塩という化学物質も含んでいます。これはロケット燃料の製造に役立つ物質ですが、きわめて毒性の強いものです。

出発のタイミング

火星はいつ訪れても見どころがたくさんあるのですが、北極冠の大きさが最大になる北半球の冬はいかがでしょうか。あるいは、北半球か南半球どちらかの「常夏」が見られるタイミングで。

もちろん本当に常夏ではないものの、火星の夏は地球の夏の約2倍の長さがあります。夏休みを大事にする学生や教師にはご機嫌な情報かと思います。

北半球の夏のあいだ、火星は太陽から最も離れた位置にあり、雲は赤道付近に集中します。曇り空をできるかぎり避けたいのなら、春か夏の南半球に行くのがおすすめです。ただし、砂塵嵐のピークの時季でもあることをお忘れなきように。

アクセス

旅の目的地が出発地点と異なる速度で動いている場合の常ですが、火星に出発するタイミングは慎重に計画する必要があります。地球は時速約10万7200キロ、火星は時速約8万6700キロ。自分より足の遅い友人が競技場のトラックを走っていると想像してみてください。あなたは内側のレーンにいて、友人にボールをパスしようとしています。相手がトラックの反対側にいるときにボールを投げるのはあまりよい方法ではないでしょう。ボールを放す最高のタイミングを割り出すには、相手の動きとボールの移動時間を予測する必要があります。同じように、地球と火星が最良の位置になるまで出発を待つのがベストです。

もちろん、今すぐ出発することも不可能ではありません。その場合、惑星間測位システムに火星の座標を入力し、燃料を入れ、到着したらキーッとばかりに急停止すればよいのです。ただし、おすすめはしません。一方、太陽から最も遠い点が火星、最も近い点が地球となる楕円を描くホーマン遷移軌道（金星の章でご説明しました）であれば、とっさの思いつきの直行ルートよりも確実に省エネになります。そのためには、地球と火星のあいだで移動を開始するのに両方の位置関係がベストとなるローンチウィンドウを待つ必要があります。ごく単純なホーマン遷移軌道の飛行計画ならローンチウィンドウは25か月半に1度、つまり火星の約1年に1度めぐってきます。理想的なローンチウィンドウから時間的な開きがあるほど、火星に行くにはたくさんの燃料が必要になります。

火星に着いたら、地球に戻る次のチャンスまで最低でも18か月は待たなければ

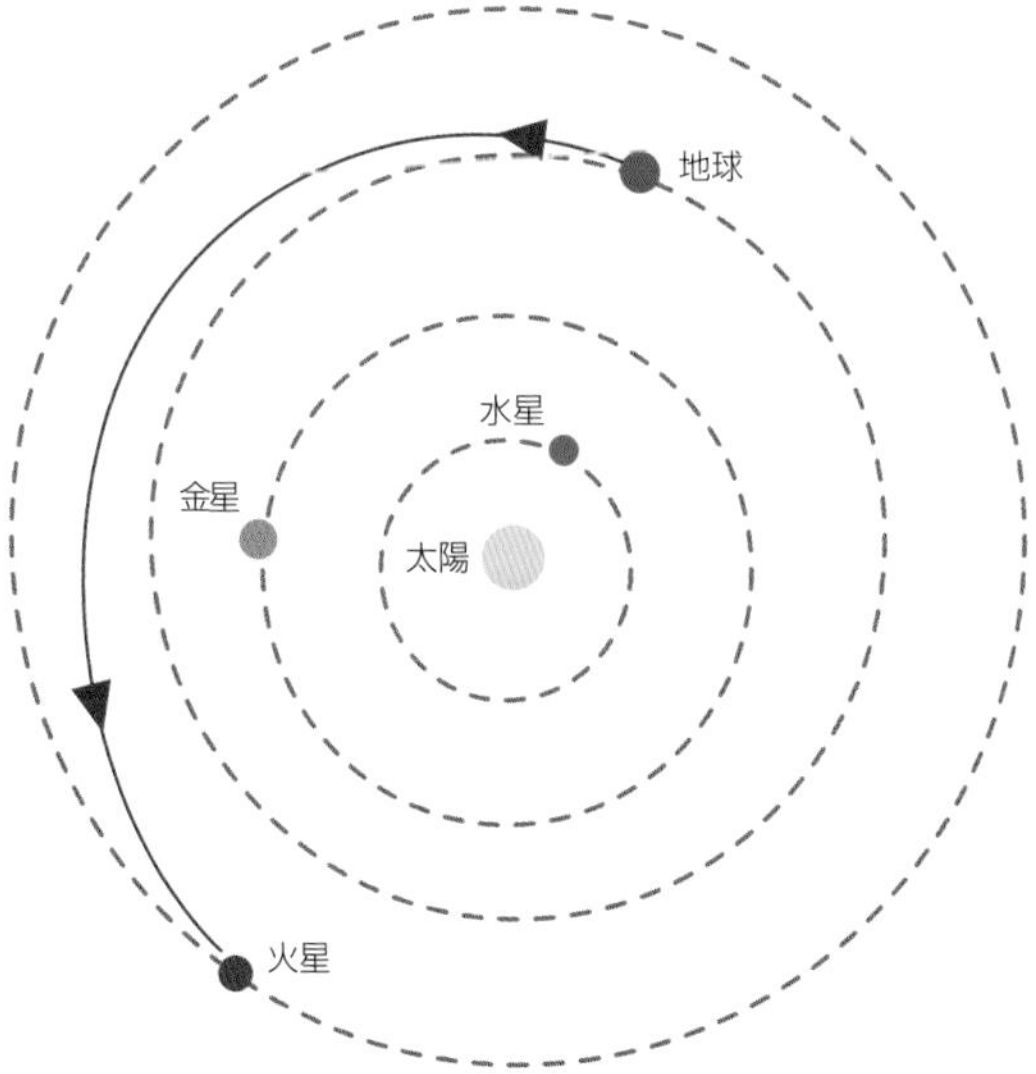

なりません。そしてもし帰りの便に乗れなければ、火星で3年半立ち往生する可能性があります。いえ、なにもこの世の終わりがくるわけではありません（たぶん）。休暇を延長する、と考えるべきです。それにあなたの上司も、なぜ休暇を延ばす必要があるのかと文句を言いにくるわけにもいかないでしょう?

火星に安く行くにはもうひとつ、「オルドリン・サイクラー」に乗るという選択肢もあります。火星行きの地下鉄路線のようなものです。オルドリン・サイクラーの宇宙船は、地球と火星の両方の重力アシストを利用して燃料を節約しながら、安定軌道に乗って一定間隔で地球と火星を足早に通り過ぎます。

この軌道を共有できる宇宙船の数に制限はありません。地球と火星の片道の所要時間は147日。オルドリン・サイクラーを利用する特典は、宇宙船が軌道にとどまるのにわずかな燃料しか必要としないため、比較的安上がりにすむということです。

到着！

火星は、遠目には空の小さな赤い点のように見えます。そして近づくにつれてその赤が広がり、顔立ちが形をもって見えはじめてきます。火星の顔に走る大きな傷、「マリナー峡谷」を探してみましょう。そしてもっと間近で見たくなったら、シャトルに飛び乗って岩だらけの地表に向かいましょう。火星の赤い岩に、あなたの心は揺さぶられるはずです。消防車というよりは錆の色に似たその赤は酸化鉄によるもので、火星にかつて水の流れがあったことを示しています。火星はアメリカのユタ州にとてもよく似ていますが、岩に当たる光のかげんに違いがあります。火星が岩のほかにもじつに細かな砂塵に覆われていることにあなたはすぐに気がつくでしょう。この砂塵はどこにでも取りつき、入り込んできます。すべてを洗い流す大雨のようなものがあればよいのですが、ここ火星では砂塵は延々と風に舞いつづけます。そして空中に浮遊したまま、空をあの独特なオレンジ色に染めるのです。

火星の時間の流れ方は地球と似ています。しかし1日は地球より少しだけ長いので、日頃からもう少し1日に時間があればと思う方にはまさに夢がかなう星となるでしょう。火星の1日は地球より40分長く、もうひとつ用事をすませたり、砂丘に少しだけ長くとどまったりするのには十分な時間です。火星ツアーの皆さまは地球時間からスムーズに移行するため、到着したらまず時計売場で地球の時計を下取りに出し、地球よりもわずかに長い（正確には2・7パーセント）時間と分と秒に合わせて進む火星の時計を手に入れているようです。

ちなみに火星では1日を「ソル（sol）」という言葉で表します。つまり1ソルは火星のちょうど24時間のことです。「きょう（トゥデイ）」と「きのう（イエスタデイ）」は火星ではそれぞれ「トゥソル」「イエスタソル」と言い、「あした（トゥモロウ）」については「ネクストソル」「モロウソル」「ソルモロウ」の3つの言い方があります。ツアー中、皆さま方おたがいの挨拶は「ご休暇ですか（オン・ホリデイ?:）」ではなく「オン・ソリデイ?:」となるでしょうから覚えておいてください。こうした造語は火星特有の時間経過の呼び方を探していたNASAのローヴァーの運転士たちが必要に迫られて考案したものです。

火星に着陸したら、無事の到着をすぐにご家族に連絡したいという方もいらっしゃるでしょう。太陽系全体から見れば火星は地球の近くのような気がするのですが、それでもやはりメッセージを故郷まで送るにはそれなりの時間がかかります。地球と火星がどの位置にあるかにもよりますが、地球に送ったメッセージに返事が返ってくるまでには、即返信してくれるにしても6分から44分待たなければなりません。ネットサーフィンは忍耐力を養う訓練となるでしょう。

移動する

火星での移動のほとんどは、ローヴァーでオフロードを走ることになります。火星のとがった岩ですぐにだめにならないよう、車輪の丈夫なローヴァーを選びましょう。最も基本的で経済的な乗り物は、アポロ宇宙飛行士たちが使った月面探査車のような、小さくて、いっさい覆いのない、庭で使う折りたたみ椅子のような座席のついたものです。あとは宇宙服を着て、シートベルトを締めるだけです。ただしこの手のローヴァーは楽しくドライブするにはもってこいですが、長い移動には向きません。たくさん移動してたくさん名所を見てまわりたいなら、もっと大きな、家ごと運べる密封されたＲＶ車が必要になります。そうした車なら、ふたりの旅行者が最長で14日間は過ごせます。

空の旅も可能ですが、超稀薄な大気でも機能するように航空機が特別に設計されていることが前提になります。火星は地球よりも重力が弱いので――そのことが地球よりも大気が薄い要因でもあるのですが――航空機を浮揚させておくには好条件とも言えます。航空機は積載量をごく軽くするか、稀薄な大気でも十分な揚力を生み出すためにかなり大きなものでなければなりません。

火星の低温では現地の1分で凍死することもあるので、のんびりとした午後のドライブも、万一ローヴァーが故障すれば危険に満ちたものになる可能性があります。安全を確保するために次のルールに従うことをおすすめします。まず、保護された居住区域から短距離用の乗り物で出るときには、必ず電力レベルと酸素

オリンポス山（手前）は火星で最も有名な観光スポットのひとつ。その仲間である3つの火山、アスクレウス山、パヴォニス山、アルシア山（中央の左から右に）をぜひ訪れ、「夜の迷宮（左上）」を歩こう。
出典：ESA/ELA/FU BERLIN/JUSTIN COWART

レベル、移動時間を把握しておきましょう。そして、酸素や電力がなくなるまでに避難所に歩いていけないほど遠くへはけっして行かないこと。状況はあっという間に変わってしまうことがあります。

ローヴァーの多くは自動運転車か、または遠隔操作が可能なものです。とはいえ、自分で操縦する自由に勝るものはありません。旅行中に自分でローヴァーを借りて運転する計画があるなら、特別な運転教習を必ず受けてください。ただしもしあなたが真の意味で優秀なドライバーであるならば、とがった岩と危険な崖のあいだを縫って走らなければならず、しかもきれいに舗装された道路もない火星で運転するなんて無謀だと気がつかれるはずです。

車種によって多少の違いはあるでしょうが、ローヴァーの基本的なところはあまり変わりません。中級クラスであればおそらく、保護カバー、ナビゲーション用コンピュータ、温度調節システム、環境条件を判断するセンサー、コントロール用ロボットアーム、移動用の車輪またはキャタピラー、電力エネルギー源、そして通信システムが装備されています。しかしいずれにしろ、そう速くは走れません。

ローヴァーを選ぶ際には、何を運ぶつもりなのかを考えましょう。生き延びるための必要最小限だけでいいのか、2トンの稀少な岩を運搬しようとするのか？　重い荷物を運ぶつもりなら、沈まずに重さが分散されるよう、大きなタイヤをたくさんつけるといいかもしれません。また車輪は、頑として形を変えずに地面にもぐり込んでしまうタイプではなく、重みで変形するものにするべきです。

次に大事なのはタイヤのチェックです。ガスが充填されたゴムタイヤは火星の低温では破裂してしまうので使えません。おそらくあなたが使うべきタイヤは、自転車の車輪についているようなスポークを使って弾力性を持たせた空気式の代替品になる可能性が高いでしょう。また、底面に小さな車輪をつけたヒンジ連結式の蜘蛛のような脚を採用したローヴァーもあります。これは従来の自動車のように車輪で走行できることにくわえ、巨大な岩や深い砂地のような障害物を歩くように越えることもできます。さらに、掘ったり掘削したりする必要があるなら、曲げ伸ばしのきく脚に用具を取りつけることも可能です。

観光スポット

◎オリンポス山（オリュンプス・モンス）
火星のやさしい巨人、遠い昔に死火山となった「オリンポス山」は、太陽系最大の火山です。標高27キロ、麓《ふもと》からの高さ約18キロの山頂ははるか240キロ先にあり、手前の斜面に隠れて見えません。オリンポス山登頂は火星の旅の目玉です。ゆるやかな勾配は傾斜のきつい地球の山に比べて登りやすいのですが、とにかく大きい！　登りきるには最低でも1か月はかかるとみて、補給物資は必ず余分に持っていきましょう。オリンポス山を囲んで山の縁をなす断崖は荒々しいこ

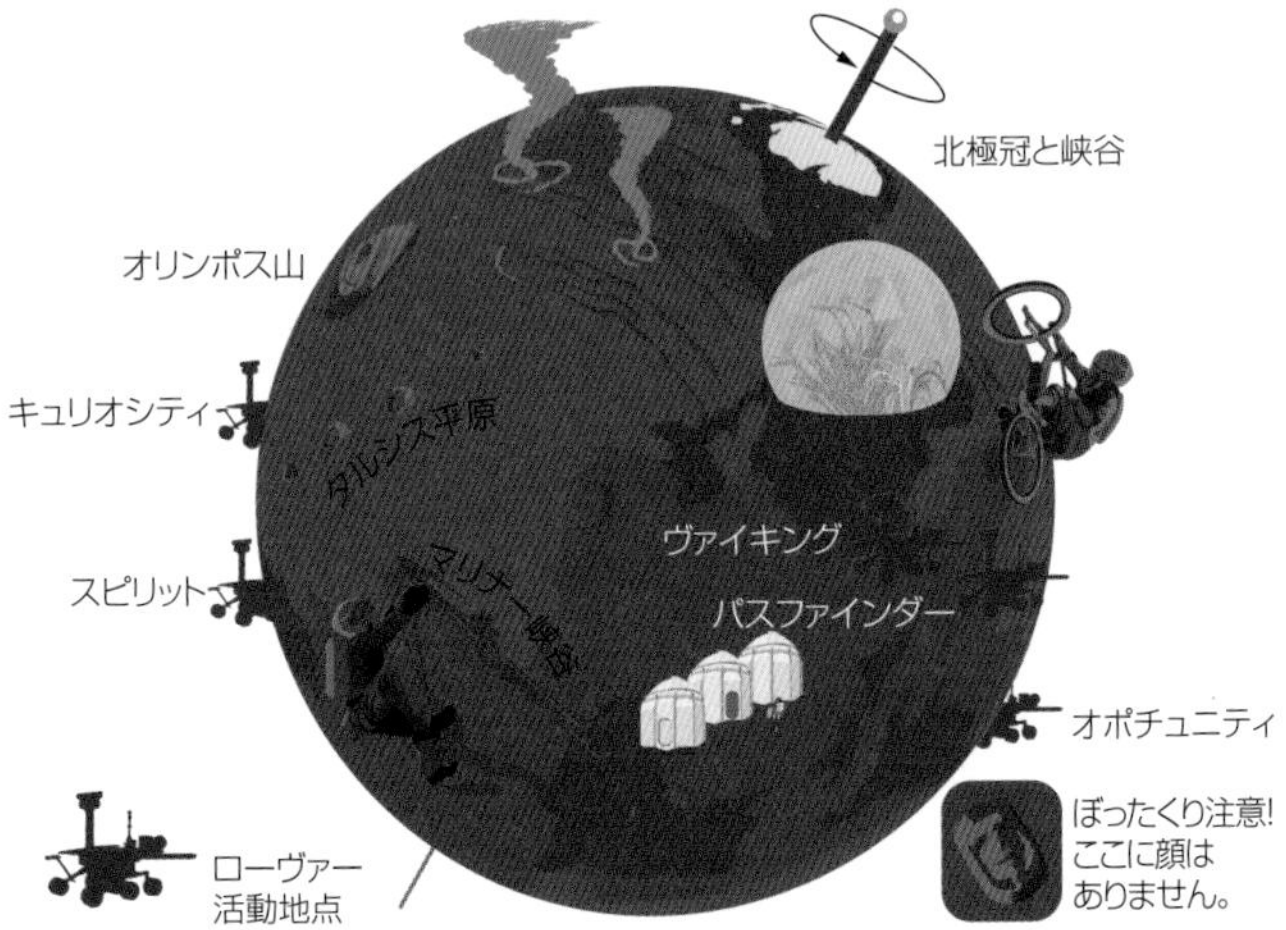

火星はハイカーから歴史マニアまで、あらゆるタイプの観光客に心躍る体験を味わわせてくれる。

とで有名です。登頂にはこの最初の障害がさほど急峻ではない南か東からアプローチするのがいいでしょう。

◎大シルチス

火星の暗色の染み「大シルチス」は、１６５９年にオランダの数学者クリスティアン・ホイヘンスによって初めてスケッチされ、その後、天文学者らに火星の自転をたどる目印とされました。そのため大シルチスには「砂時計の海《アワーグラス・シー》」の異名があります。

現在、地元での一番人気のお土産は、大シルチス特有の濃いオレンジ色の砂を入れた砂時計です。かつて科学者らは、この土地は青色で、青緑色の草木が生い茂っていると考えていました。ところがそれは、火星表面の別のより明るい地域とより赤い地域のコントラストが生み出した目の錯覚にすぎませんでした。実際のところ、大シルチスの暗色は、風化していない火山岩の色によるものです。色の明るい、新たに侵食された砂を風が別の砂漠地域に吹き飛ばし、暗い色の破砕岩を相対的に露出させているのです。その大いなる誤解ゆえ、今でも大シルチスは「青いサソリ《ブルー・スコーピオン》」とも呼ばれています。

暗色の大シルチスの南西部には、火星最大の「ホイヘンス・クレーター」があります。大きさはニューヨーク州ほどで、多くの大クレーターと同じように、複数の同心円状のリング構造が特徴です。

◎ヘラス平原（ヘルラス・プラニティア）

火星で最も年代の古い地域には、太陽系が誕生した初期の名残である多数のクレーターが点在しています。「ヘラス平原」は暗色の大シルチスの南側にある明るい円形の地域です。冬の寒い朝、ヘラスには凍てつくような靄《もや》が立ち込めて青白い色になります。しかしこの効果は一時的なもので、昼までには消えてしまいます。

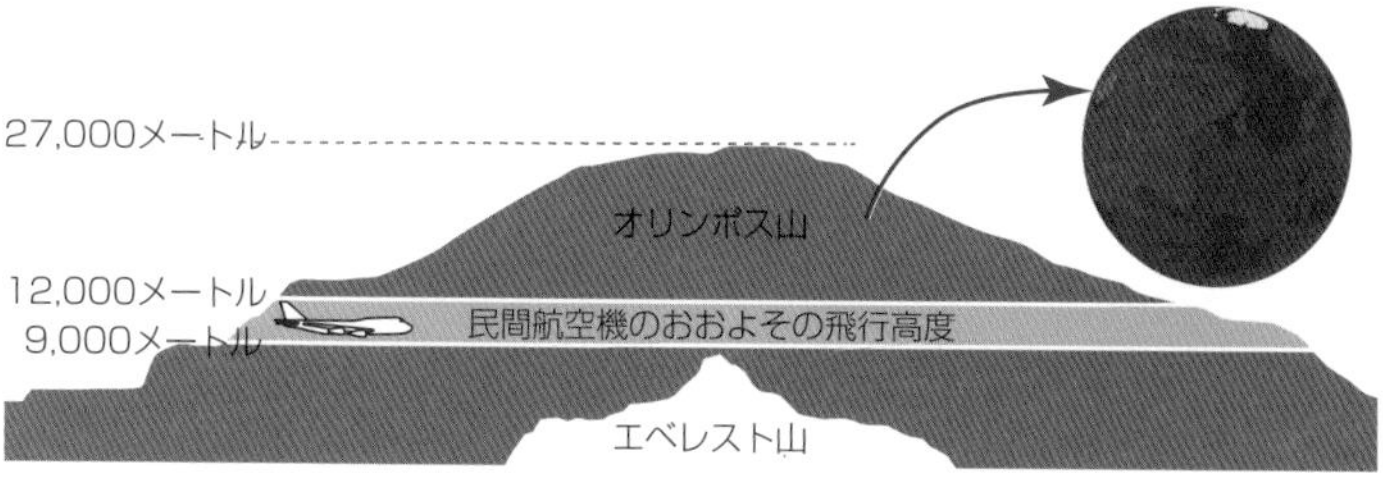

◎タルシス平原／タルシス台地（タルシス・プラニティア）

「タルシス平原」は、火山活動と地殻変動の過程で形成された、アメリカよりも大きな面積を占める台地です。台地の上には「タルシス山脈（タルシス・モンテス）」と総称される3つの高い火山、「アスクレウス山（アスクレウス・モンス）」「アルシア山（アルシア・モンス）」「パヴォニス山（パヴォニス・モンス）」が鎮座しています。山頂はオリンポス山よりも高いのですが、それは3つの山をかかえるタルシス台地がすでに高地だからにすぎません。アスクレウス山はオリンポス山より容易に登れます。歩く距離が短く、傾斜もそれほどきつくないからです。頂上からは、火山中央部（休眠中）の、数か所で溶岩が冷えてプールのような滑らかな岩ができているカルデラを見ることができます。

◎夜の迷宮（ノクティス・ラビリントゥス）

この地域は「マリナー峡谷」の西の端に位置し、深い裂け目が網目状に交差しています。裂け目は迷路を作り、なかに足を踏み入れれば何日も夢中になって過ごすことができるでしょう。地滑りの跡や砂丘、興味深い階段状の岩に出くわすかもしれません。層状のメサ［頂上が平らで周囲が絶壁の岩石丘］は、米サウスダコタ州の不毛地帯《バッドランド》の無骨な美しさを思わせます。

◎アラビア大陸（アラビア・テルラ）

マリナー峡谷の黒い谷の縁から見たシミュレーションによる絶景
出典：NASA/JPL/ASU/R. LUK

たくさんの「傷」が点々と散らばる「アラビア大陸」は火星のなかでも古い地形です。傷の一部は衝突によって形成されたクレーターで、残りの多くは火山の痕跡です。アラビア大陸には広大な暗色の砂丘領域があり、風に浸食されて高さ210メートルにもそびえ立つ尾根になっています。水路が見られる地域もあり、これは太古の河床や細流の涸れた跡なのかもしれません。

◎マリナー峡谷（ワルレス・マリネリス）

火星旅行のクライマックスは、赤道近くの「マリナー峡谷」観光で決まりでしょう。1970年代初めにこの峡谷を発見した軌道周回探査機（オービター）、マリナー9号から名前をとったこの峡谷は、太陽系最大の峡谷です。巨大な地溝帯は、広いところでは幅700キロもあり、深さは11キロ、グランドキャニオンのじつに4倍以上となります。また長さは火星を4分の1周するほどで、アメリカ合衆国の東西の距離に匹敵します。

峡谷の縁沿いにはところどころに景勝地が広がっています。とりわけ人気なのは「オフィル谷（オフィル・カスマ）」と「カンドル谷（カンドル・カスマ）」の交わる部分で、そこでは絶壁にほぼ囲まれることになります。ほかに「黒い谷（メラス・カスマ）」の中央、「コプラテス谷（コプラテス・カスマ）」の最も深い部分からの眺めも絶景で、谷の壁は50キロ近く離れた先にあり、頂上は1・6キロの高さにそびえ立っています。

マリナー峡谷の眺めで誰もが驚くのは、砂塵がおさまると、地球の峡谷と違って大気が稀薄なため空中に靄が少ないことです。汚れていることに気づかなかった窓を拭いたばかりのときのように、景色が驚くほどくっきり鮮明に見えます。

◎**極冠**

水がないと不安になる人は極地に行きたがるものですが、この地域は寒く、特に冬場の冷え込みは甘くみると大変な思いをさせられます。極冠のらせん状の模様は、火星の自転と重力が生み出す風によって形成されました。北極冠は南極冠よりずっと大きく、主に水の氷でできていて、その上に二酸化炭素の氷の層が堆積しています。北極冠のなかには「北の谷（カスマ・ボレアレ）」があり、浸食された壁には飴細工のリボンのような積層が露出しています。冬には、大気中の二酸化炭素が凍って水の氷の上に積もり、巨大な氷床を作り上げます。そして夏には、太陽光で温

シャープ山の絶景。火星探査機キュリオシティがたどった歴史的コース沿い。
出典：NASA/JPL-CALTECH/MASS/J. GRCEVICH

められた二酸化炭素の氷層が気化し、水の氷が露出して「収穫期」を迎えます。季節の変わり目には、極地には強い風が吹きます。

◎史跡

火星のロボット探査機——NASAのキュリオシティ、スピリット、オポチュニティ——の永眠の地を見にいきましょう。キュリオシティがいるのは「シャープ山」の絶景を望む「ゲール・クレーター」のなかで、スピリットは「ホームプレート」と呼ばれる地域の西側、「トロイ」という地でミッションを終えました。オポチュニティが眠るのは「メリディアニ平原」の「エンデヴァー・クレーター」付近。轍《わだち》は砂塵で消えてしまっていますが、ローヴァーの通ったルートをたどるのは楽しいものです。ちなみにオポチュニティの場合、その道のりはマラソンの距離よりも長いと言われています。

アクティビティ

◎火星の空を楽しむ

　火星の風景は地球の乾いた砂漠を彷彿とさせますが、その見慣れた感じは錆色の空を見上げたとたんに消えていくことでしょう。地球では、大気にぶつかった光の散乱のしかたで空は青く見えますが、火星では違います。火星の空の色は、稀薄な大気よりも大気中に浮かぶ塵の粒子にぶつかって散乱した光によるものだからです。ただし太陽のまわりの空はほかの部分よりもずっと明るく、青い色に見えます。

　火星の夕焼けは地球の夕焼けとはまるで異なり、じつに愉快です。火星は太陽からの距離が地球よりも遠いため、地球から見るよりも太陽が小さく見えます。夕焼けの色は地球の夕焼け空におなじみの色とは正反対。太陽から遠い空は赤みを帯び、太陽のまわりが青くなるのです。光が塵にぶつかって散乱し、まるで太陽を籠《かご》とした青い熱気球の形を作っているかのようです。火星の自転速度は地球とほぼ同じなので太陽が沈む速度も同じくらいですが、塵の多い空はすでに沈んだ太陽からの光をいつまでも反射し、夕暮れは地球よりもずっと長く続きます。砂塵嵐のなかでは太陽が沈むのを見ることはできません。そのかわり、太陽は暗い靄のなかに静かに消えていきます。

火星の昼間の空はこのように風変わりなものですが、夜空には見覚えがあるはずです。黒い空に点々と浮かぶ星々。地球から見えるいつもの星座がすべてそろっています。ただしそこに新しい星がひとつ存在しています。それは自ら輝く星ではありません。地球、すなわち太陽から3つ目の惑星が、青みを帯びた光の点として火星の空に昇っているのです。そのすぐそばには月までが光の点として――明るい地球に連れ添う薄暗い星として――見えています。

星座は同じでも、火星の空を観察すれば星の動きが地球とは違うことに気づく方もいるでしょう。地球では北極星は地軸とほぼ一列に並び、北極の延長線上に位置しています。ひと晩じゅう空の同じ位置にとどまって、ほかの星はそのまわりをゆっくりと動きます。一方、火星の自転軸は地球とは反対側に傾いているため、自転軸が指している火星の「北極星」は別の星になります。それははくちょう座（大神ゼウスが姿を変えた白鳥がモデル）とケフェウス座（古代エチオピアのケフェウス王がモデル）のあいだにあり、薄暗く、容易には見えません。ですが火星には、ほ（帆）座カッパ星という明るい南極星があります。南半球を訪れる観光客の方々は、夜のあいだ、空がこの星を中心にまわっているように見えることに気づかれるでしょう。

◎スカイダイビング

火星のスカイダイビングは地球のスカイダイビングよりもずっとリスクの高いスポーツです。地球ではダイバーは空気抵抗で減速されるために、最終的には一定の速度に落ち着きます。これ

を終端速度といい（時速約200キロ）、地球であればそれ以上の速度で自由落下することはありません。

ところが火星では大気の密度が地球よりもずっと小さいので、終端速度はこの5倍になります。そのため十分な減速を得るには地球で使うよりずっと大きなパラシュートをいくつも使い、開くタイミングも早めにしなければなりません。これほどのスリルを地球で味わうことはできないでしょう。

◎ロッククライミング

マリナー峡谷のドラマチックな断崖は、ロッククライミングの技術を試すのにもってこいの場所です。登るのには今ひとつ乗り気でないなら、峡谷が一番深くなる「黒い谷」で壁を懸垂下降してみましょう。

低重力のなか、かさばる宇宙服でのクライミングには慣れるのにしばらく時間がかかるかもしれません。重力が小さいのだから落ちても怪我などするはずがないと思っている初心者の方に申し上げます。迷信です。たしかにはじめはゆっくり落ちるかもしれません。しかしマリナー峡谷の谷底に着く頃には、フロントガラスに突撃してくる虫の二の舞となるでしょう。

◎ダストデビルを追いかける

砂塵嵐がないときでも火星の風は活動しています。円錐状に渦を巻く砂塵が竜巻さながら火星表面を移動してまわっています。地球の竜巻と比べると、火星のダストデビルはらせんを描いてあっという間に巨大な塔となり、高さ1・6キロ、幅150メートル以上もの大きさに達します。実際になかに入れば風はさほど強くないのですが、塵の粒子が猛烈な速さで動いていて、宇宙服のフェイスシールドをごしごしこすったり引っかいたりするかもしれません。ダストデビルのなかでは、帯電した塵から小さな稲妻が自分に落ちてくるのが見えるでしょう。

◎自転車

火星は太陽系で自転車に乗れる数少ない場所のひとつです。火星の自転車はオフロードを走ることになるので、砂塵に沈まずに岩だらけの地表を走れるようにタイヤは厚くなっています。表面が凹凸に加工されているのは岩をしっかりとつかむため。また、低温のため、もろくボロボロになりやすいゴムチューブは使いませんが、かわりにスポークに柔軟性を持たせています。

火星の低重力ではハンドル操作がむずかしくなります。曲がるときには十分スピードを落として、ゆるやかに方向転換しましょう。また、急加速するとほぼ必ずウイリーしてしまいますのでご注意ください。重力が小さいということは、車輪と地面との摩擦が少ないことも意味します。耳寄りな情報をひとつ。舗装してうまくバンク［カーブに沿って外側を高くした傾斜面］をつけた競輪場のような道なら、火星では空気抵抗がほとんどないので、地球上よりもはるかにスピードを出すことができます。

◎ジャグリング
ジャグリングをマスターするには火星は絶好の場所です。重力が地球の3分の1ほどということは、同じ力で投げてもボールはより高く上がり、動きはスローながら派手な見世物になるからです。地球のジャグリングの普通の高さに投げたとしても、落ちてくるには時間がかかります。最高の反射神経の持ち主でない方にとって、これは吉報ではないでしょうか。

ちょっとよりみち

火星にはふたつの小さな衛星、フォボスとダイモスがあり、足を延ばして立ち寄るにはもってこい。フォボスは火星のまわりを8時間弱でまわり、1日のあいだに火星を3周します。ダイモスは30時間ほどで公転し、周回の方向は逆向きとなります。あなたが火星表面のどこにいるかにもよりますが、ふたつの衛星は太陽の前を1年に数回通りすぎる計算になります。このいわゆる子午線通過はミニ日食と考えることもできますが、実際には太陽のほんの一部が見えなくなるにすぎません。ごくまれに、両方の衛星が同時に太陽の前を横切る「ダブル日食」を見ることができます。

火星の大きいほうの衛星を訪れよう。ここでは地球一高いビルも軽くひとっ飛び。
出典：HIRISE/MRO/JPL(U. ARIZONA)/NASA

◎フォボス

名前はギリシャ神話の恐怖の神に由来しますが、フォボスはじつに楽しい衛星です。外周はわずか70キロほど。2～3日あれば驚異の世界をすべて見てまわることができます。低重力下でランニングした経験のあるウルトラランナーなら、1日で1周することも可能でしょう。ただ、走るよりもっとおもしろいのはジャンプです。地球一高いビル、高さ約830メートルのあのドバイのブルジュ・ハリファも、ここでなら勇ましいひとっ飛びで軽くクリアできます。

フォボスは、太陽系の衛星のなかで母惑星に最も近い距離で軌道を周回している衛星です。火星からは小さく見えます——地球で見る満月の4分の1ほど——が、フォボスに立つと火星が大きく目の前に迫り、地球から見る満月の85倍にも見えます。フォボスは火星の重力によって伸びたりつぶれたりするために、今後3000万年から5000万年のあいだに崩壊すると予測されています。こうした火星の潮汐力はフォボスの表面に、ときに妊娠線とも呼ばれる浅い溝を造っています。構造的には、フォボスの内部は重力によってゆるくまとまっているだけで、それが塵状の外殻に包まれている状態です。

◎ダイモス

フォボスの双子の片割れ、「恐慌」を意味する名前のダイモスは火星の小さいほうの衛星で、外周は39キロほどしかありません。質量が小さいということは表面重力が非常に小さいということで、その大きさは地球の数千分の1程度です。脱出速度が時速20キロほどにすぎないために、多少強く投げれば誰でも野球のボールを宇宙船の軌道くらいの高さまで届かせることができます。絶対に着陸船めがけて投げないでください。また、ほんの少しでもジャンプすれば宇宙に飛んでいってしまいますので歩かないほうが無難です。ダイモスからは火星の絶景を地球で見る満月の

33倍の大きさで眺めることができます。火星から見たダイモスは、地球から見える金星よりわずかに明るく輝いています。

◎小惑星帯（アステロイド・ベルト）

誕生した頃の太陽系は、大小さまざまな物体がぶつかったり合体したりしている雑然としたところでした。現在は秩序ある軌道で太陽をまわる8つの整然とした惑星群と考えられがちですが、惑星間にはいまだ当時の残骸が散乱しています。その残された破片のひとつが小惑星、つまり宇宙の岩です。小惑星は低重力で不規則な形をしているため、ちょっと立ち寄るには魅力的な場所です。基本的に太陽系のどこででも見られますが、その多くは火星と木星の軌道のあいだの「小惑星帯（アステロイド・ベルト）」として知られる一帯に集中しています。

アステロイド・ベルトには「危険！」というイメージがありますが、実際にはそれほどでもありません。小惑星間の距離はとてつもなく大きく、普通は自分が目指している小惑星しか見えません。通り抜けるだけなら目をつぶったままでもこのベルトを航行できてしまうでしょう。実態はそれほどたくさんの小惑星があるわけではなく、仮にベルト内の小惑星をすべて集めたとしても、冥王星の質量の4分の1にも届かない程度です。

◎ケレス

とはいえ、小惑星帯にも大きな天体はあります。その代表がケレスです。ケレスは、単体で小惑星帯にある天体の総質量の3分の1を占めるほど大きなものです。小惑星帯に位置する唯一の準惑星で、この一帯を旅するなら、ケレスの表面でまぶしく輝く白い斑紋を拝みに行かない手はありません。斑紋のなかで最も明るいものは大きなオッカトル・クレーターの中央に位置しています。この斑紋の成分は、塩水の氷が蒸発して残った硫酸マグネシウム（エプソムソルト）です。これを少し集めて地球の友人へのお土産にするのはいかがでしょう。エプソムソルトは風呂にゆったり浸かるときに威力を発揮します。なお、ケレスという名前はローマ神話に登場する穀物の収穫の女神ケレスに由来するもので、女神ケレス（Ceres）は「穀物（シリアル cereal）」の語源でもあります。今度シリアルを食べるときには、次の旅の候補にこの準惑星を検討してみてください。

◎ヴェスタ

冥王星の14分の1の質量を持つヴェスタは、小惑星帯にある準惑星以外の天体のなかで最大の天体です。ヴェスタを訪れる際には、赤道付近をぐるりと一周している環状の溝を探してみてください。フォボスの妊娠線に似ていますが、こちらは巨大衝突に起因するものと思われます。冒険したい気分なら、「レアシルヴィア・クレーター」の中央丘に登ることをおすすめします。これは過去にヴェスタに激しい活動があったことを示す痕跡です。標高22キロのこの中央丘は太陽系最高峰クラスの山です。

木星──オーロラを見にいこう

木星 ♃

JUPITER

木星は誰もが認める惑星の王者です。外部太陽系で最初に訪れるこのガス惑星は、一見静かにあなたを迎えてくれるように見えますが、真珠のような縞模様のシルエットが醸し出す静寂のイメージは錯覚にすぎません。木星は自然が猛威をふるう惑星であり、太陽系のほかの惑星すべてを合わせたよりもずっと大きな質量を持ちます。その力強さは刺激に満ちています。

もしあなたが抑えの利かない無秩序に魅力を感じるタイプなら、木星はその期待を裏切りません。なにしろそれはとてつもなく大きな、嵐ひとつで地球を飲み込んでしまう惑星なのですから。雲の上部の重力は地球の2・5倍、磁場にいたっては2万5000倍です。木星の磁気圏はほぼ土星の軌道にまでおよび、そのあいだの衛星に放射線を浴びせています。

砂の彫刻のような木星の姿には誰でもついうっとりとしてしまうものですが、本当にあなたを魅了するのはおそらく衛星のほうでしょう。木星系は太陽系の縮図であり、抱える衛星は惑星に

♃ 早わかり

直径——地球の11倍以上
質量——地球の318倍
色——赤、茶、濃いオレンジ、錆色が旋回している
公転速度——時速約4万7000キロ
重力——68キロの人の体重が160キロになる
大気の成分——濃い。水素90パーセント、ヘリウム10パーセント、メタンとアンモニアも含まれる
素材——ガス
環——あり
衛星——72（報告数は80）
気圧1バール（表面）の温度——マイナス108℃
1日の長さ——9時間54分
1年の長さ——地球の約12年
太陽からの平均距離——7億8000万キロ
地球からの距離——5億9000万キロから9億7000万キロ
到着までの所要時間——フライバイに地球の1年半
地球にテキストメッセージが届く時間——33分から54分
季節変化——なし
天気——激しい
日照量——地球の4パーセント未満
特徴的な点——大赤斑、活発な衛星
セールスポイント——ボディービルディング、オーロラ観光、衛星めぐりにおすすめ

負けず劣らず多様で、なかには惑星以上に大きなものさえあるのですから。

天気と気候

嵐に備えた最善の装備を荷物に詰めて、顔（フェイスシールド）に風を感じる準備をしてください。木星の天気は生ぬるくありません。このガス惑星ではすべてが地球より極端です。風は地球の記録的な突風より秒速50メートルほど速く吹きます。嵐は何十年も続くことがあり、あの最も有名な「大赤斑」として知られるハリケーンは何百年ものあいだ猛威をふるいつづけています。空には地球の1000倍も強力な稲妻がそこらじゅうで光り、雷鳴は4倍速く空を駆けめぐります。ここでクイズです。パッと光ってからドーンと鳴るまでの秒数で落雷からの距離の見当をつけることがありますが、ではあの稲妻はここからどれくらいの距離でしょうか？　はい、安心してください。木星の嵐は、あなたが思っているより4倍遠く離れています。それに木星の雷鳴は、慣れないとたぶん聞いてもそれとはわからないのではないでしょうか。木星の雷鳴は地球で聞くような低いゴロゴロという音ではなく、不気味な、甲高くきしむような音であり、しかも大気中に豊富に含まれた水素とヘリウムによって高さが変化するからです。

木星は太陽系で最も自転速度の速い惑星です。赤道付近の雲の上部では1日の長さはわずか10時間。だから木星のまる1日を寝て過ごしてしまってもがっかりする必要はありません。それくらい寝ることは地球ではざらにあることです。木星には固体の地表面がなく、1日の長さは赤道から極地のあいだで異なります。ガスは極地のほうがゆっくりと動くため、極付近にいれば1日につき数分増えることになるのです。この一定の形を持たない、乱流の回転する球体上では、1日という概念には地球にはない柔軟性があります。それもまたおもしろいではないですか。

太陽から8億キロの距離にある木星はとても寒く、日照量は地球の4パーセントしかありません。ほぼ嵐でできていると言っていい星ですが、回転軸の傾きがわずか数度と非常に小さいため、地球の12年で太陽を1周するあいだ、状態は一定に保たれています。温度は木星の雲の上のほうを航行しているか下のほうを航行しているかで変わってきます。天気予報によればおそらく本日も強風で、温度は1バール、すなわち気圧が地球の海水面と同じくらいのところでマイナス110度前後となるでしょう。暖かいとはとても言えませんが、太陽からさらに離れればもっと寒い星もあるのですから、まだましというものでしょう。

出発のタイミング

これまでご説明してきたように、木星と地球が最接近したときに地球を出発するのは得策ではないでしょう。木星よりも軌道が小さくて公転速度が速い地球は木星をあっさり周回遅れにしてしまうので、ホーマン遷移軌道に乗るためのローンチウィンドウは年に1度しかありません。

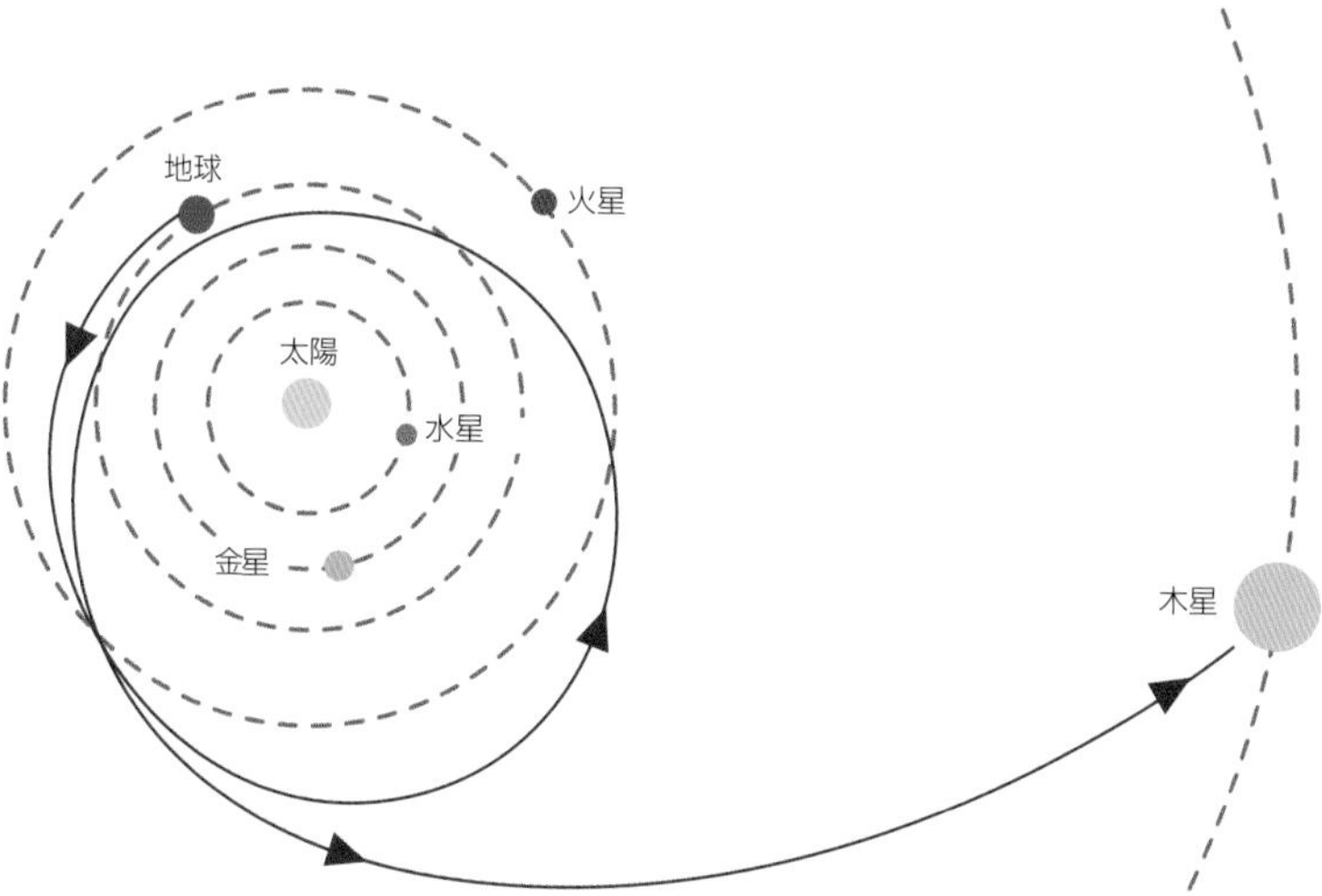

木星はパチンコの要領で観光客をほかのリゾート地へと飛ばすための重力アシストとしてよく利用されている。

木星には季節変化がないので年間を通して天気は同じです。「大赤斑」は現在縮小しつづけており、数十年のうちに消滅してしまう可能性もあるのですが、確かなことは誰にもわかりません。とりあえず運を当てにせず、できるだけ早く旅行の予約をしましょう。

ツアーのほとんどのお客さまは、放射線レベルが恐ろしく高い木星と内衛星で過ごす時間を短く抑える傾向にあります。現地で観光する時間が到着までの時間よりもおそらく短くなることをあらかじめお断りしておきます。

アクセス

もしほかの惑星に行く途中で重力アシ

ストを受けるために通りすぎるだけなら、昔ながらの普通のロケットを使って2〜3年で到達できるはずです。しかし現地にとどまって観光したいなら、じっくり時間をかけてスピードを落とし、平均時速4万7015キロの木星の移動速度に合わせなければなりません。到着は地球を発ってから5年か6年後になるでしょう。

特に急ぐ必要もなく、できるだけ無駄を抑えたいということならば、イオン推進ロケットで行く方法もあります。このロケットは小さな推力を長期にわたって供給し、宇宙船の速度をごくゆるやかに変化させるものです。ただし時間がかかることはご理解ください。たとえば乗用車で100キロまで加速するのは簡単ですが、イオンエンジンの車では同じ加速をするのに4日かかることもあります。

到着！

木星が見えるよりも、無線がその音をとらえるほうが先になるでしょう。到着の数週間前、ランディング・ポイントの650万キロ手前あたりから、あなたが乗った宇宙船は木星の磁気圏に突入します。その境界線を通過するとき、超音速の太陽風が磁気圏に衝突する音を無線がとらえるのです。磁気圏は太陽から飛んできた高エネルギー粒子を加熱し、減速させます。その音は不気味で甲高く、いつまでも耳に残って、あなたはそこが地球から何億キロも離れていることをあらためて思い知ることになるでしょう。

でもその気味の悪さは一時的なものにすぎません。「惑星の神」とも称されるオレンジと褐色の球体がだんだん大きくなり、やがてありえないほど巨大に迫ってくるにつれ、あなたの心に安らぎが広がっていくことでしょう。どんな予備知識も木星を自分の目で見る体験にはかないません。その姿を見て、抽象的な水彩画のようだと言う人もいれば、ホットファッジ・サンデーを思い出す人もいます。しばし落ち着いて、そのサイケデリックなパノラマを楽しんでください。木星の縞模様のガスがゆっくり踊るのを見ているると、時が経つのはあっという間です。

移動する

さて、そのときあなたが軌道上で体感しているのは、それまでのフライトでなじんでいる微小重力です。高軌道から木星の大気を研究するのは文句なくすばらしい休暇の過ごし方に違いありません。しかしもし勇気をもって狂ったような嵐をさらに間近で見るのならば、ロケット船で高高度飛行船に運んでもらいましょう。今度は、自分自身の重さを感じはじめるはずです。初めて体験するこの重さの感覚に、あなたは圧迫感さえ覚えるかもしれません。たとえ飛行船が雲の最上層部付近にとどまっていたとしても、地球の重力の数倍の重さにのしかかられているように感じるはずです。

木星の大気圧が地球の大気圧と同じところまで降下すると、体重は地球ではかったときの2・5倍になります。大事なのは、最初はむやみやたらと動きまわらないことです。横になって、この重さを楽しみましょう。しっかり抱きしめられているようだ、安心感で落ち着いた気分になる、と言う方もいらっしゃいます。とはいえ、高重力下で動くのはやはり大変です。普通の人ならば失神してもおかしくないところですが、もしあなたがそれに耐えられるほど強靭な方なら、この特製ジムに鍛えられてあっという間に筋肉ムキムキとなり、お帰りのフライトでその筋肉が何かしら重宝するかもしれません。

木星の空の上でくつろぐ前に、放射線から十分に守られていることを確認しておきましょう。あなたと装備を守ってくれる水あるいは鉛のシールドの用意はできていますか？　チタン製は軽いので効果は劣ります。抜かりのないお客さまは有害な電離放射線の被曝総量をはかる線量計を持参されることが多いようです。

木星での主な移動手段は飛行船になりますが、超稀薄な大気は地球にいるときよりも浮いているのがむずかしいので、高温の純水素を浮力ガスとして使う必要があります（木星の大気は水素が多いのでヘリウム風船は沈んでしまいます）。くれぐれも水素と酸素を混ぜないようにしてください。爆発の可能性があります。

この旅行では、衛星の観光に多くの時間を費やすことになるでしょう。衛星に向かう際には、木星をあとにして本当に心残りがないかを確認してください。木星を去るのは精神的にも物理的に

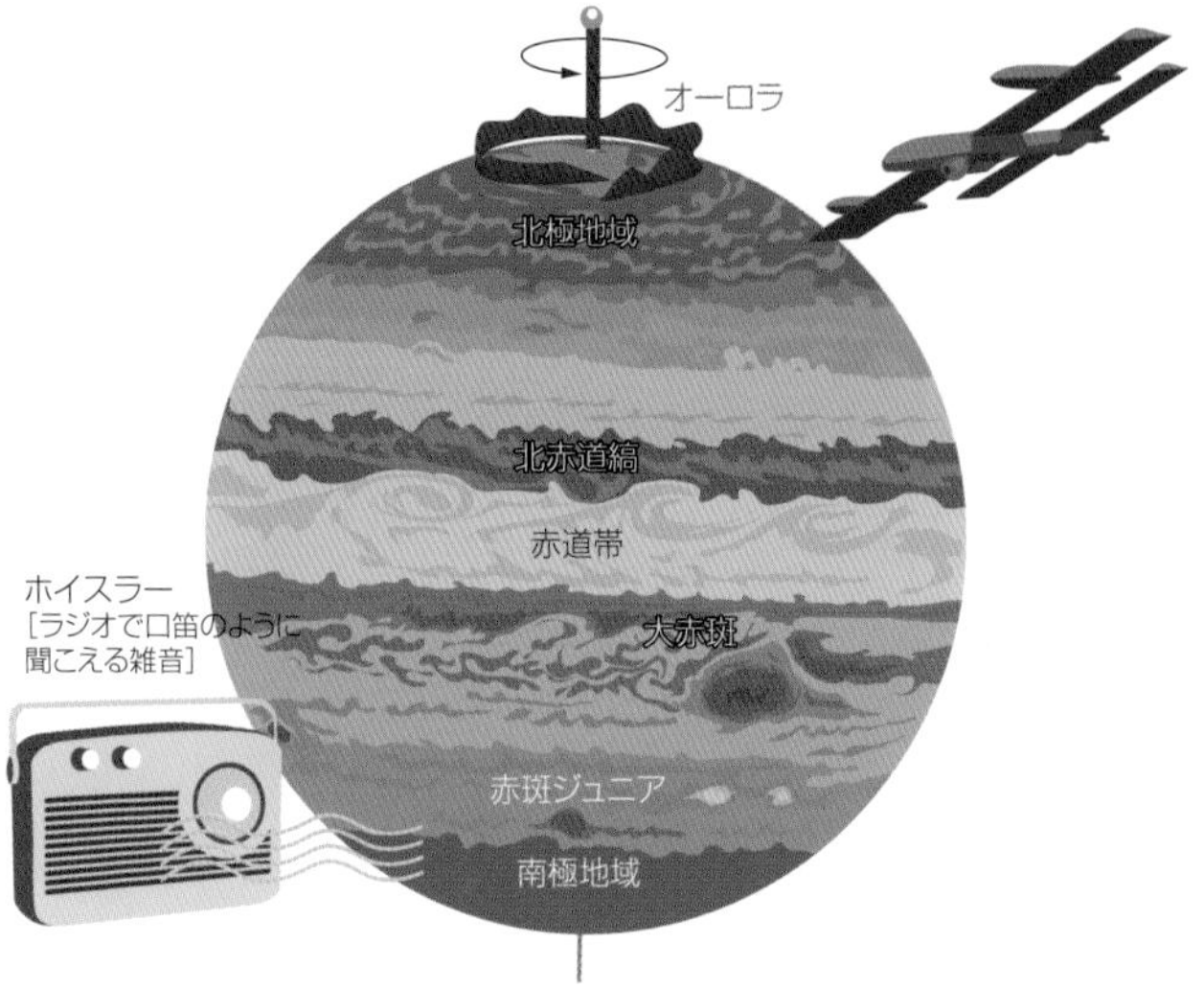

間近に見る木星のガス放電ディスプレイにうっとり

もかなりきついことです。木星は巨大な惑星で、そこから飛び立つには地球から飛び立つときの5・5倍のエネルギーが必要になります。しかも大気のなかから飛び立たなければならないことで、困難さはさらに増します。

観光スポット

◎大赤斑

観光客の皆さまがまずご覧になりたいのは「大赤斑」でしょう。この巨大な嵐は幅1万9000キロ。地球をすっぽり飲み込めてしまうほどの大きさです。つねに同じ緯度、赤道の南の「南赤道縞」として知られる地域にあるため、見つけるのは問題ないはずです。人類が注目するようになってからずっとそこにありますが、なぜそこにあるのか、いつから存在しているのかはわかりません。大赤斑は、地球であればカテゴリー20［地球では最大のカテゴリー5が最大風速135ノット以上（1ノットは秒速0・51メートル）］の強さのハリケーンに分類されます。ときおりすぐ近くに現れる白く輝く楕円も探してみてください。この楕円がたまに巨大な渦に吸い込まれていくことがあります。

「大赤斑」として知られる地球よりも大きな渦を巻くハリケーンをあえて通り抜けるのは勇敢な者だけ。
出典：NASA/JPL/BJÖRN JÓNSSON

◎太いベルト（縞）とゾーン（帯）

渦を巻く赤目を満喫したら、今度は視野を広げて、強風の吹く雲のストライプ模様の、くらくらするような迫力に目を凝らしてみましょう。木星は全体で回転していますが、風は風で全球的な動きとは別に独自に動いています。それぞれの模様は、風速毎時320キロを超える強力なジェット気流です。どこかに立つ場所があったとしても殴り倒されてしまいます。「ゾーン」では雲の色は明るく、高層のアンモニア氷雲がちらちらと光っています。風の向きは木星の自転と同じ方向です。いっぽう暗い色の「ベルト」の雲は低い層にあり、風はたいてい木星の自転と反対の方向に吹いています。ゾーンとベルトの境界では気をつけてください。風の向きが変わり、ひどく揺れることがあります。注意して見ていると、そのうちにリボン状のガスの色が変化します。ふだんは明るい白の部分が、ガスが混ざったり風がぶつかったりするにつれて、黄色っぽいオレンジや暗い黄褐色、赤に変わることがあります。

◎**荘厳なオーロラを見にいく**

では、ガスのベルトとゾーンをいくつか越えて北極へ向かうとしましょう。見たこともない最高のオーロラをお目にかけます。地球では北極光（オーロラ）と南極光（南天オーロラ）が現れるのは散発的であり、あの波打つ発光を見るにはしかるべき場所に、しかるべきタイミングでいなければなりません。ところが木星のオーロラは極でつねに発生していて、地球の1000倍も強力です。木星付近の放射線は危険ですが、それは太陽系で最

木星の印象的なオーロラ（これは着色されたカラー写真）には、どんなに鈍感な宇宙旅行者も畏敬の念を覚える。
出典：NASA/ESA/HUBBLE

も印象的なオーロラに原因があります。荷電粒子が上層の大気に衝突して発生するオーロラは、強烈な紫色が雲のなかを駆け上がり、空全体を超自然的な輝きにライトアップします。

独自の小さな磁場を持つ木星の衛星ガニメデでもオーロラを探してみましょう。赤と緑と紫の光のカーテンが1900キロ以上にわたって広がっているはずです。もしその下に立つことができたら、空一面を覆う光のカーテンが轟音をあげて時速1万6000キロで動いているようすを見ることができるでしょう。

◎北極

フィンセント・ファン・ゴッホの絵がお好きな方なら木星の北極地域は必ず気に入っていただけるはずです。ここではバンドとゾーンが姿を消し、混沌とした空が残されています。大気層ともくもくとした雲が混ざり合って印象派の絵画のような渦巻きが形成され、この旅行で目にするいつもの色とは違った青みがかった色を楽しめます。ただしここでは快適な空の旅は期待できません。大気のそこかしこで激しい嵐が起きていて、さながら

木星の北極はフィンセント・ファン・ゴッホの『星月夜』にたとえられる。
出典：NASA/JPL-CALTECH/SWRI/MASS

渦を巻く地雷原といった場所だからです。

アクティビティ

◎おぼろげな環をめぐる

木星の環のファンの皆さま——大げさな土星の環と比較されると少しむきになったりされるようです——のような繊細な美の理解者にとって、木星の環をめぐるツアーはきっと楽しいものになるでしょう。暗く淡い、かすかに赤みを帯びた環は、塵の微粒子でできています。4つある環のうちの主環はほぼ透明で、それより外側の繊細な環はさらに透き通っています。普通に環を突っ切ってもほとんど気がつかないくらいです。

◎幻聴のような宇宙の音に耳を澄ます

木星の磁気圏の音にラジオを合わせてみてください。音は刻々と消えたり聞こえたりを繰り返し、まるでポルターガイスト現象のようです。人間の目で見ることはできないものの木星の磁気圏は太陽系で最も大きな驚異のひとつであり、その範囲は7億2000万キロにもおよびます。もし地球の夜空に見ることができたら、満月5つ分の空間を占めることになります。

磁気圏は、木星の磁場——内部に流れる金属水素の分厚い層から生じる——と、太陽から絶えず流れ出す荷電粒子をその一帯に運んでいる太陽風との相互作用で発生します。そして木星の磁場に衝突した太陽風は高濃度の放射線を生み出します。木星の磁場は地球の磁場より10倍から20倍強力なため、その放射線帯も地球のヴァン・アレン放射線帯のようなおとなしいものではありません。木星は太陽から遠く離れてはいますが、その磁場は太陽からの荷電粒子を補足することに非常に長けています。つまり木星は、放射線が太陽系で最高レベルに高い場所なのです。磁気圏のラジオから聞こえる音はなんに似ているでしょうか？　ライオンの吠える声？　口笛？　誰かがシューっという音、キツツキ、海岸で砕ける波の音を思い出す人もいるでしょう。木星にライオンはいないのでどうかご安心を。

◎大気にダイブ

さあ、木星のエキゾチックな大気の奥深くへと船で下りていきましょう。途中、あなたは物質の奇妙な挙動のさまざまに遭遇するはずです。最初の上層の強重力と薄い大気のなかでは、あなたの船は地球でよりも高速で落下していきます。気圧が地球と同じくらいのところに浮かんでいるのはアンモニアの雲。やがて硫化水素アンモニウムの雲のにおいがしてくるでしょう。その下には白い雲の層があり、成分はおなじみの水蒸気です。水の雲はアンモニアの層と衝突し――おっと、稲妻も光っています。

気圧が地球表面の10倍のところ――海で水深約90メートルまで潜るのに相当――まで下りる頃

には温度は約66度に達します。上にある厚い雲の層で、すでにあたりは真っ暗です。温度はじわじわと上昇しつづけ、底知れぬ深みへと数時間も降下しつづけるとアルミニウムを溶かすほどの高温になります。そろそろ地球の表面気圧の1000倍の気圧に到達する頃。マリアナ海溝の底、水深11キロ強に達するようなものです。ここまでは船も持ちこたえるかもしれませんが、さらに下りつづけることはさすがに不可能。気圧はぐんぐん増し、船はすぐに内部破裂してしまうでしょう。ダイビングを始めて10時間後には船のチタンまでが溶けて蒸発し、父なる木星とひとつになってしまうはず。そうなる前に引き返すことをおすすめします。

では、とてつもなく強力な船があって潜りつづけられるとしたらどうでしょう？　上層の大気は軽い水素で構成されているので、地球の大気よりずっと密度が小さい。ところが下に行くにつれ、ガスの厚い雲は密度が大きくなります。気圧が地球の50万倍になると、ガスというよりむしろ液体のようなものがあたりを取り巻いていることにあなたは気づくはずです。その正体は、液体水素。なおも進みつづけると、今度は金属水素の層に達します。金属水素とは、非常に強く圧力をかけられ、電子が原子から飛び出して自由にさまよっている状態のものです。この金属の海のなかは水中と同じようにすいすいと進むことができますが、視界はかなり制限されます。なお、このあたりではダイヤモンドの雨が降るという噂があります。

◎小型探査機をレンタルする

木星のあやしい天気が気になるなら、いっそ凶暴な大気の混沌とした広がりを小型探査機（プローブ）に調べさせるのはいかがでしょうか。付近の衛星の管制センターではカメラとセンサーを搭載したものをレンタルしております。木星の奇妙な色と嵐のようすを、ほぼライブ映像で間近に見ることができます。

練習しだいでは長時間プローブを飛ばすことも可能です。稲妻と放射フレアをなるべくよけるように操縦してください。ただし、あまり深いところまで飛ばしすぎると最後にはプローブが内部破裂してしまうことをお忘れなく。保証金も戻ってきません。

こうしたロボット探査にすっかりハマる人もいて、プローブを次から次へとレンタルして木星を一周するという方もちらほら。しかしどれだけ探査しても新しい斑紋と嵐はどこかで必ずまた発生します。木星探査にはきりがありません。

◎彗星の衝突を観察する

１９９4年、シューメーカー・レヴィ第9彗星が時速約21万６０００キロで木星に激突しました。近づきすぎたのです。衝突のエネルギーは、世界中の核兵器を1度に爆発させた場合のおよそ６００倍。彗星の一番大きな破片は直径１・６キロ以上もあり、木星の雲に大きな裂け目を作って、その下の雲の層を何か月にもわたって露出させました。木星の引力はとてつもなく強大なため、当然、木星に引き寄せられて衝突する小惑星は地球に衝突するものよりはるかに多く、衝撃も強くなります。こうした衝撃で雲の層の上には大きなプルーム（煙）が生じ、大気には、水たまりに小石を落とすとできる波のような動きの速い波紋が生まれます。

ちょっとよりみち

木星の72個の衛星は、大型衛星の火山や地下の海から、小型衛星の奇妙な形やめちゃくちゃな軌道角度まで、太陽系でもじつにまれな景観の一大標本です。直径がせいぜい1・6キロほどの衛星もあり、ちょっとした低重力ハイキングや衛星めぐりにはもってこいの場所でしょう。

きっとあなたもあの有名なガリレオ衛星に立ち寄りたくてたまらなくなるはずです。ガリレオ衛星は木星に最も近い４つの衛星のすぐ外側にあります。１６１０年にガリレオによって発見され、ギリシャ神話の登場人物にちなんで名づけられた衛星群、イオ、エウロパ、ガニメデ、カリストは、地球以外の惑星のまわりをまわっているのが発見された初めての衛星でした。木星から一番遠いカリスト――木星から１６０万キロ以上（地球と月の4倍の距離）――以外はすべて危険な放射線環境にあります。放射線検出器の携行をお忘れなく。船や居住スペースを出る際には放射線シールドの安全性を再確認してください。また、大量の放射線被曝を心配する多くの観光客がかかる「放射線不安」症にならないよう、お気をつけください。

ガリレオ衛星として知られる木星最大にして最も魅力的な4つの衛星を飛びまわろう。左からイオ、エウロパ、ガニメデ、カリスト。出典：NASA/JPL/DLR

カリスト以外の3つのガリレオ衛星は整然とした軌道共鳴の関係を保ちながら、母惑星のまわりを心地よいパターンでまわっています。4つともいわゆる潮汐ロックがかかり、いつも同じ面を木星に向けています。木星から最も近いイオの公転周期はわずか42時間。次に近いエウロパはその2倍の時間、すなわち地球の3日半で公転しています。ガニメデが公転にかかる時間はエウロパの4倍、カリストは最も長く、地球の17日ほどです。

木星につねに同じ面を向けているので、いずれの衛星に行くにもタイミングは選びません。これらの魅力的な天体を知ることは、きっと木星への旅のハイライトになるでしょう。

◎イオ

安全な距離をとって「イオ」を周回すると、オレンジと茶と黄と黒の不快なごちゃ混ぜを目にすることになります。焼きすぎたピザに似ているとさえ思う方もいらっしゃるでしょう。この衛星は火山好きにとっての楽園で、火山と間欠泉《かんけつせん》と溶岩原がひしめき、太陽系で最も壮大な噴火が起きている星です。

イオは木星の放射線帯のひとつの中央に位置しているため、放射線レベルはほかのどの衛星よりも高くなっています。激しい火山の爆発はナトリウムと硫黄イオンを宇宙空間へと高く噴き上げてイオン化された分子の尾をたなびかせ、これが木星の強力な磁場と結びついて木星のまわりに帯電したプラズマの環を生み出しています。つまりこのプラズマリングが、木星の極地に目もくらむようなオーロラを発生させる原因なのです。また、木星の磁場はイオに電場を誘導して300万アンペアの電流を発生させ、木星の大気に稲妻を走らせています。

イオの火山にはさまざまな形と大きさの亀裂が走っています。灼熱の湖や溶岩の川、カルデラ――中央が陥没した火山丘陵――が見えるでしょう？　巨大な火山は塵とガスの傘状のプルーム（煙）を宇宙空間へと噴き上げ、あたりの景色を白と黄色と赤で彩ります。また、噴火後は二酸化硫黄の霜が形成され、寒い冬の夜の新雪を彷彿とさせる不思議な光景が広がります。イオではつねに100個ほどのカルデラが噴火しています。このような火を噴く景色を生み出している原因は、木星と、姉妹衛星エウロパおよびガニメデに対するイオの運動によって生じる強い潮汐力です。この力はとても強く、地表面が100メートル近く昇降することもめずらしくありません。イオの表面は抑え込まれたエネルギーのはけ口を求めてひび割れ、二酸化硫黄ガスと溶岩を次々と吐き出しつづけているのです。

灼熱の原野を歩きまわるのはかなり危ないアクティビティですが、それでも溶岩はまだ放射線ほど危険ではありません。シールドを装備していないとあっという間に死に至るほどの大量の放射線を浴びることになるので、くれぐれも被曝量は入念に記録してください。また、活発な火山活動でイオは乾燥していきます。水はたっぷり持っていきましょう。ひび割れしやすい不安定な地面を進むための備えも大切です。岩から岩へと飛び移って熱い灰を越えているときもご用心。思わぬところに間欠泉の穴があるかもしれません。この穴が、せっかくのあなたの休暇をあっけなく切り上げさせる可能性がないとは言えません。

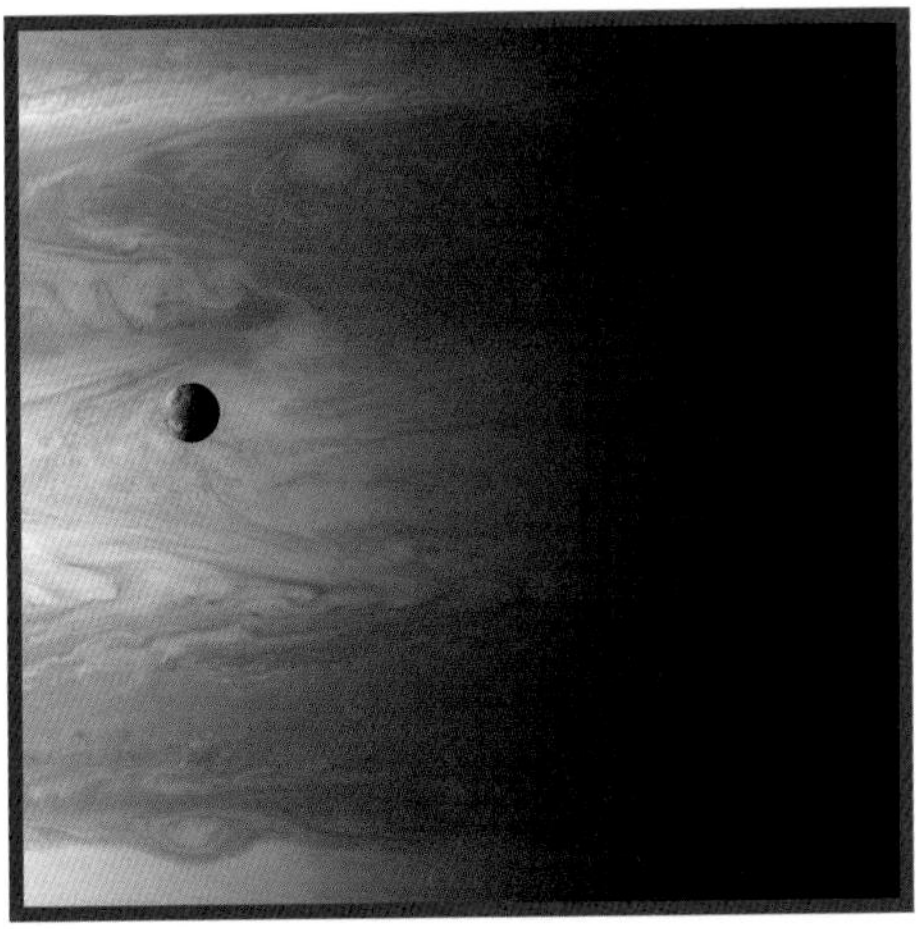

木星の衛星イオにはいたるところに火山がある。
出典：NASA/JPL/SPACE SCIENCE INSTITUTE

ツアーはまず「ロキ」から始めます。変身能力を持つ北欧神話の神から名をとった巨大溶岩湖です。上空から見るとロキは馬蹄《ばてい》に似ていて、暗い色の液体が土地の隆起部にしがみついています。直径200キロの、イオ最大の火山性盆地です。あまりにも大きいので「溶岩湖」ではなく「溶岩の海」と呼びたくなりますが、どちらにしてもあまり淵に近づきすぎてはいけません。土手では赤く燃えている岩が砕け、赤々とした穴に落ちていっています。そんなロキが発する熱は、地球からでも見ることができます。あなたの一世一代の大冒険を地球のお友だちが望遠鏡の向こうから応援できるように、いつロキに行く予定なのかは正確に知らせておいてください。ロキの溶岩本体は、地球上の火山すべてを合わせたよりも多量の熱を発しています。

ロキの南西にあるのは高さ８００メートルを超える華麗な火山、「ラー」です。中央のたまりから峡谷が静脈のように広がっているこの山は、粘度の低い溶岩流と高い噴出率で有名です。

ロキから東に２３００キロ、サンフランシスコからアメリカのほぼ中央に位置するデンヴァーほどの距離には、ハワイ島をつくったとされる火の女神にちなんだ火山「ペレ」があり、そのまわりをアラスカほどの大きさの赤いリングが取り巻いています。中央にあるのは直径31キロほどの溶岩湖。ここは、イオが地質学的に活発であることを人間の観察者が初めて認めた場所です。１９７９年、近くを通過していた宇宙船ヴォイジャー１号が、高さ３００キロまで噴き上がる火山プルーム（噴煙）を撮影したのでした。

火山ツアーは大変危険です。高温の噴出物や岩屑なだれ、有毒ガスに遭遇しないともかぎりません。火の泉（溶岩噴泉《ふんせん》）に出会う可能性さえあり、これは遠くから眺める分には安全ですが、どんな規模の噴火も前触れなくいつでも起こりうるということは頭に入れておかなければなりません。

ペレからは南に向かって「ドナウ高原」と呼ばれる大きなメサを目指しましょう。ゼウスの愛人イオが通り抜けたとされるドナウ川にその名をちなんだものです。高さ４・８キロ、幅２５４

キロのこの山の真ん中には、幅がところどころ24キロにおよぶ峡谷が走り、山をふたつに分断しています。この峡谷の上をハイキングして目を見張るような眺めを楽しむのはいいのですが、西の縁は地滑りを起こしやすいので注意してください。

真東に3200キロほど行くと火山「プロメテウス」が出迎えてくれます。人間に火をあたえたギリシャ神話の神の名に由来するこの火山は、もう何十年間も噴火しつづけているようです。比較的ゆっくりとではあるものの一貫して活動をつづけており、まわりには流動性のある溶岩原がいくつか広がっています。そのうちの一か所では二酸化硫黄残留物による明るい色のプルームも見られ、400メートルの高さにまで溶岩を吐き出しています。そのくらいの高度でイオを周回すると、噴き出る溶岩を間近に見られるかもしれません。

◎エウロパ

冥王星よりわずかに大きな極寒の氷の星エウロパは木星から6番目の位置にある衛星で、クライマーやダイバー、または地球外生物学に関心のある人にとっては憩いの場です。地質学的に活発で、間欠泉や氷の火山があり、潮汐力による地表面の昇降差は30メートルにおよびます。

エウロパを上から見下ろすと、白い表面に奇妙な傷がついているのがわかります。これは表面全体を覆う厚さ数キロから数十キロの氷床に生じた大きな亀裂です。地球の13パーセントという低重力は、噴出する氷のプルームを空高く舞い上げます。氷床の下には地球の海をすべて集めたよりも多くの水をたたえた海があるとされています。

エウロパを移動する際には放射線レベルに気をつけてください。ダイバーが減圧症になるのを避けるため潜水の時間と深さを計測するように、地表への遠出は慎重に行なう必要があります。地表では、ほんの数日で死に至るほどの被曝の危険性があります。天然の放射線遮蔽板である氷の下にいるほうが安全です。

エウロパは水の氷であふれていて、この氷は飲料用や燃料用に加工することが可能です。この水を使った伝統的な茶会に参加することをおすすめします。これは日本式の茶の儀式にＮＡＳＡのアクセントをきかせた茶道具を使うもので、地球に本拠を置くアーティストのトム・サックスが最初に考案したものです。マイナス２００度にも迫ろうという酷寒のなかでも体がぽかぽかと温かくなってきます。

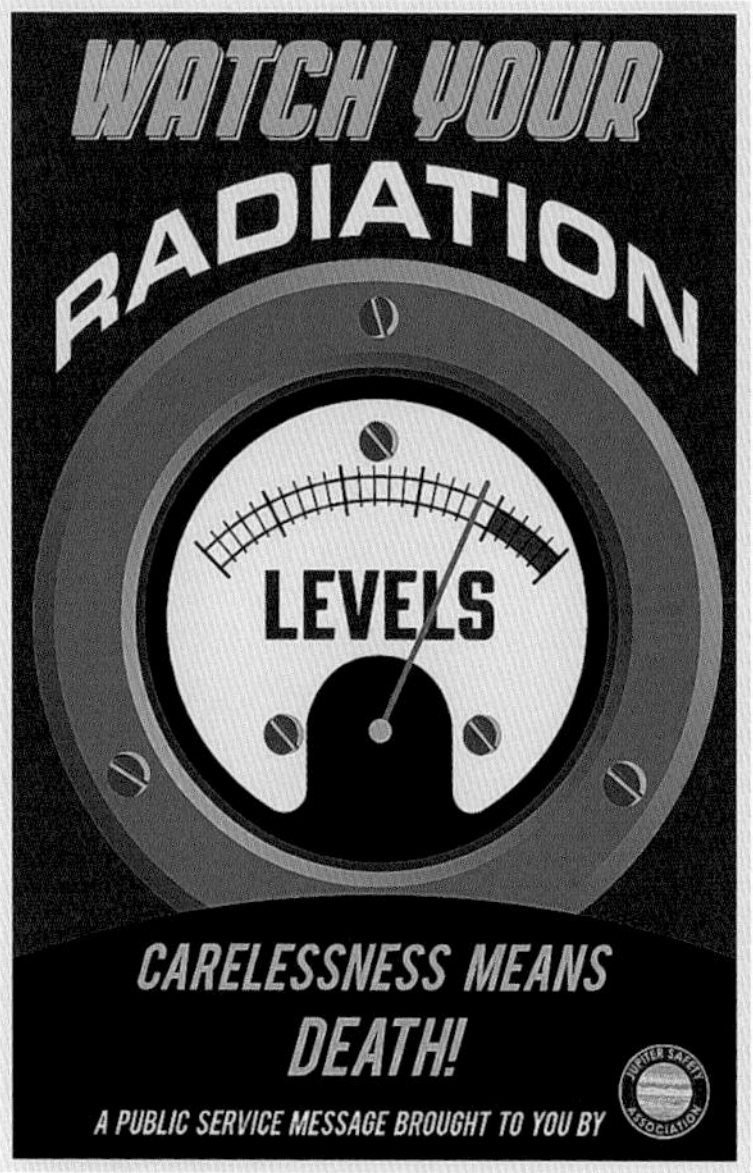

放射線に注意
「うっかり」は死を意味する！

氷の衛星エウロパでの最初の訪問地は、中世ウェールズの神話の英雄から名前をとった「プイス

(Pwyll)・クレーター」。木星を向いた側の氷に刻まれた、ひときわ目立つ盆地です。この直径26キロのクレーターには高さ600メートルの中央丘があり、高さ300メートルの劣化した縁を見下ろしています。すべてケルト神話の登場人物から名前をとったエウロパのクレーターの多くは、こんなふうにどこかしなびた印象です。

プイス・クレーターからは、厚い氷に穴をあけ、地表下にある海の熱水噴出孔を探検してみましょう。プライベート潜水艦をレンタルするか、ダイビングのレッスンを受けるか、あるいはハイドロボット（遠隔制御潜水艇）を使って航海してもいいでしょう。プイス・クレーターから直接北の「コナマラ・カオス」――アイルランド西部地方の名前に由来――に向かうという手もあります。エウロパ表面に5か所ある「カオス地域」――氷の尾根と割れ目と平原がごちゃ混ぜになった独特の崩壊地形――のひとつです。比較的若いこの地形は、エウロパの氷殻が移動してその下の水が表面に湧き出て

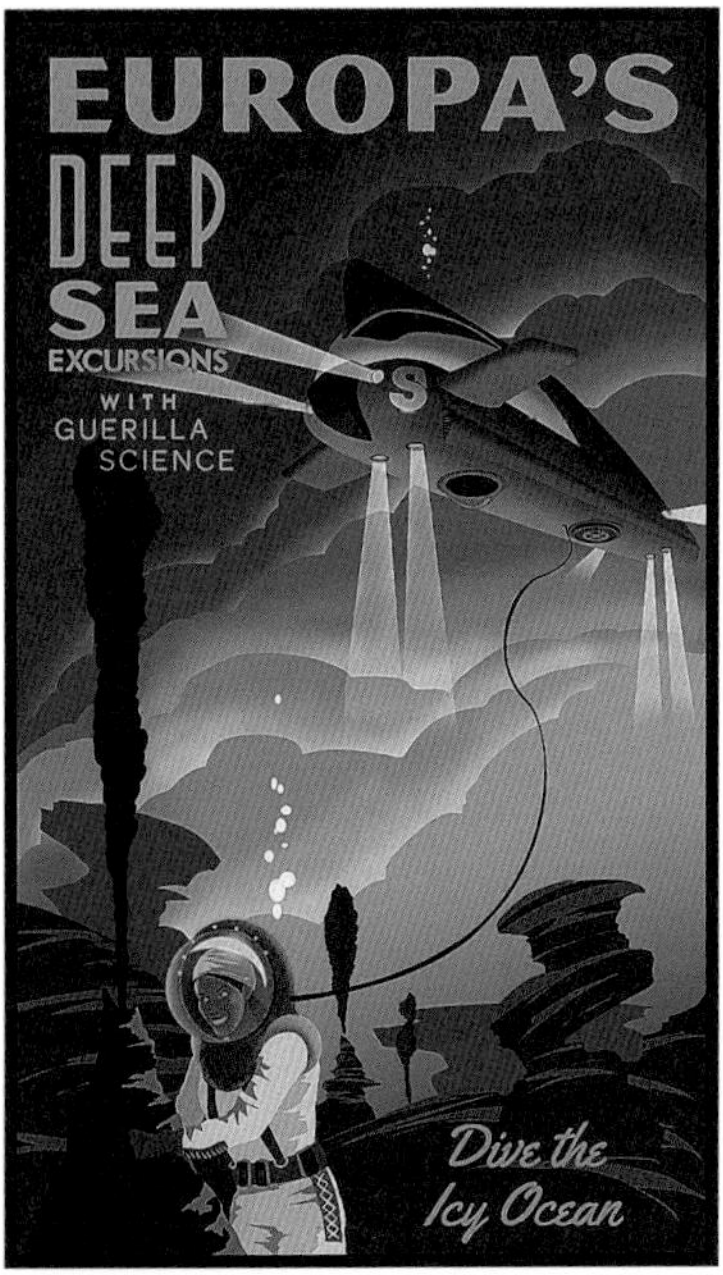

エウロパの深海ツアー
凍てつく海に潜ろう！

きたとき、氷の塊を砕いて解かし、再び凍ってできたものです。

プイス・クレーターの南東には「アゲノル線紋《せんもん》」——エウロパ版のサン・アンドレアス断層［北米西岸にほぼ平行して走る長さ1000キロ以上の大断層］が位置しています。全長1415キロ、幅19キロの明るい帯状の地形で、滑らかな氷はスノーローヴァーのレース場として最適です。

アゲノル線紋の端まで行くと、エウロパ最大の暗斑《あんはん》「トラケ黒斑《こくはん》」にたどり着きます。しばし時間をとって、SF作家アーサー・C・クラークの『2001年宇宙の旅』に登場する巨大な黒いモノリスに思いをはせるといたしましょう。小説のなかでエウロパは、知的生命体が住む可能性のある神聖な衛星という役どころをあたえられています。

トラケ黒斑の西方に位置するのは「テラ黒斑」です。ここには氷底湖《ひょうていこ》があり、次の冒険に出るまでの2~3日をゆっくり過ごすのにもってこいの場所です。熱いサウナに入り、湖から汲んだ凍てつく水風呂に飛び込めば気分は爽快。この海の塩を集めておくことをお忘れなく。チョコレートアイスクリームにかけて、本物のエウロパ料理を体験してください。

◎ガニメデ

エウロパから40万キロのところに軌道を持つガニメデは、明るい帯状の地域と断片的に広がる暗い地域とが優雅な模様を描く不思議な氷の衛星です。公転速度はエウロパの半分ほどなので、エウロパが追い越すタイミングでひょいと出かけていけばいいでしょう。夢のようなこの衛星は、継ぎはぎ模様のなだらかな表面にキラキラと光るクレーターが何百もの小さな星のように散らばり、ロマンチストにはうってつけの保養地です。北極は不規則に広がる薄い霜の冠で覆われています。また、ガニメデは太陽系最大の衛星です。公転周期である1週間をここで過ごせば、木星の景色をぐるりと360度楽しめます。

ガニメデを訪れると、表面を縦横に走る「スルキ」と呼ばれる奇妙な溝地形にすぐに親しみを覚えるようになるでしょう。どこか人間の脳の表面にあるしわを思わせるからでしょうか。スルキは一般的に600メートルほど隆起しており、長さは数千キロにもおよびます。放射線防護ローヴァーに乗って、スルキに沿って遠出するのはいかがでしょうか。ただし、イオやエウロパほどではないものの放射線量は地球より高いので、そこはお気をつけください。衛星にしてはめずらしく、ガニメデには弱い磁場があります。もちろん危険な太陽風をかわすにはまったくたよりにならないものです。かわりに、といいますか、木星の磁気圏のなかで楽しい小さな揺れを引き起こし、ガニメデの空一面にかすかなオーロラを発生させています。なお、ガニメデには薄い酸素大気があります。地球の1000分の1というわずかな量ではありますが。

忘れがちですが、ガニメデの暗い領域は岩石ではなく氷でできています。ただし、スルキが波立つようにでこぼこしているのは、氷の下に岩が隠れているからかもしれません。こうした氷の地殻を十分な深さまで掘り返せば、地下の海に到達できるはずです。

ガニメデはイオほど恐ろしい星ではありません。しかし遠い昔には水やメタンやアンモニアを噴き出す氷の火山が存在していた可能性があります。そうした火山の水溶性の溶岩流は、イオの高温の溶岩流に負けず劣らず危険な場合があります。

◎カリスト

カリストはガリレオ衛星のなかで唯一、しばらくのあいだくつろいでいても安心で、急上昇する放射線レベルを心配せずにすむ星です。エウロパの厚い氷やイオの地獄のような火山もなく、ガリレオ衛星以外の小さな衛星をめぐるツアーの起点とするのにぴったりの場所です。

観光地のひとつ「ティンドル」は北欧神話の神にちなんで名づけられたクレーターです。直径は約70キロ。中央部分が複雑な形をしています。これは隕石が衝突した際に地下何メートルかの物質がさざ波のように上昇してきた部分です。南極の近くには「ロフン」クレーターがあります。カリストで最大級かつ最も若い衝突クレーターのひとつで、中央リングの直径は200キロほど。北欧神話の結婚の女神の名をとったロフンは結婚するカップルに大人気のスポットですが、問題は6億3000万キロかなたで行なわれる結婚式に友人がよろこんで来てくれるかどうかということです。クレーターはかなり浅めです。深さ800メートルに満たず、周囲には明るい光条が伸びて、上空からも見ることができます。浸食された縁はゆるやかな勾配を描いており、婚礼の長い行列には理想的。「ギプル・カテナ」という長さ470キロのクレーターの連なりもおすすめです。これは、彗星が木星の重力に引き込まれて粉々に砕けたときに形成されたものです。

カリストを発つ前に、太陽系最大で最も壮大なクレーター、「ヴァルハラ」に行くことを忘れてはいけません。直径は約４０００キロと水星のカロリス盆地よりも大きく、何十もの同心円状の尾根が衝突地点の中央から広がっている光景は圧巻です。

◎アマルテア

地に足をつけて木星を最大限大きく、はっきり見たいなら、ガリレオ衛星よりも木星に近い軌道をまわる内部衛星群に勝る場所はありません。そのなかで最大の衛星アマルテアの名はギリシャ神話の妖精に由来します。氷のかけらが積み重なってできたこの赤い星は木星から3番目に近い衛星です。ここからなら木星は地球の満月の１００倍近く大きく見え、雲の乱流や大赤斑をうっとり眺めるのには十分でしょう。木星を約12時間で1周することになりますが、木星の自転の平均速度のほうがやや速く、回転する方向も同じなため、ツアーの完了までにはしばらく時間がかかります。アマルテアの軌道は木星の環のひとつ――木星表面から少しずつ散った塵を成分とするアマルテア・ゴサマー環――とわずかに接しています。このうっすらとした環は、木星のほかの、それ自体も非常にぼんやりとした環よりもさらに10倍も淡いものです。

◎レダ

レダは木星から数えて13番目――ラッキーナンバー！――の衛星です。直径は９・７キロあまり。表面積が沖縄とほぼ同じ大きさのこの暗い世界を散歩してみましょう。レダはもともと大きな小惑星がばらばらになったものの一部だったのかもしれません。木星から約１１００万キロも離れた軌道をまわりますが、それでも地球から満月を見るよりも4割大きく木星が見えます。公転周期が地球の２４０日を超えるラダの軌道は、観光地化されたガリレオ衛星からではけっして見ることのない木星の姿を見せてくれるでしょう。

◎トロヤ小惑星群

この小惑星の大群は、木星を前後それぞれ60度の角度で先行するか後行するかして太陽を周回しながら木星に影を落とします。直径８００メートル以上のトロヤ小惑星は、合計で１００万個を超えます。トロヤ群はふたつの集団に分かれ、木星と太陽の4番目と5番目のラグランジュ点、L4とL5の位置にあります。

これら小惑星はトロヤ群と総称されますが、実際にはL5ラグランジュ点のグループがトロヤ群、もう一方のL4のグループはギリシャ群として知られています。ギリシャ群のなかにはなぜかトロイアの英雄ヘクトルにちなんだ小惑星があり、一方トロヤ群のなかにもギリシャ軍の武将パトロクルスの名前をとった小惑星があります。ふたつの星はスパイなのでしょうか？　こうした岩石の仲間を引き連れている惑星は木星だけではありません。金星、火星、天王星、海王星、そして地球にも、太陽とのラグランジュ点で軌道をともにするトロヤ小惑星群があります。

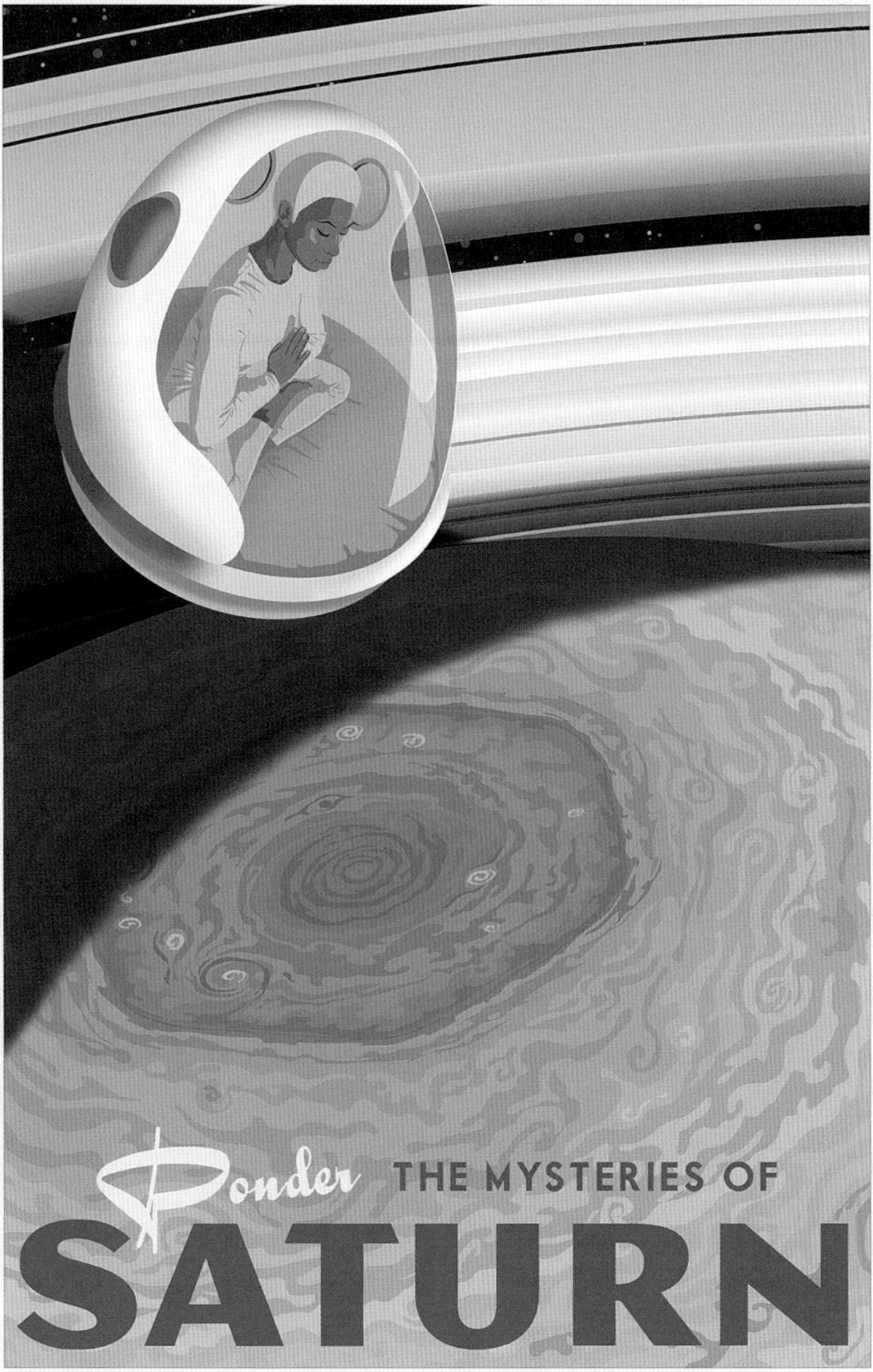
Ponder THE MYSTERIES OF
SATURN
土星の神秘に思いをめぐらそう

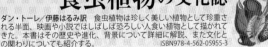

郵便はがき

料金受取人払郵便

新宿局承認

6848

差出有効期限
2023年9月
30日まで

切手をはら
ずにお出し
下さい

1 6 0 - 8 7 9 1

3 4 3

（受取人）
東京都新宿区
新宿一－二五－一三

原書房

読者係 行

1 6 0 8 7 9 1 3 4 3　　7

図書注文書（当社刊行物のご注文にご利用下さい）

書名	本体価格	申込数
		部
		部
		部

お名前　　　注文日　年　月　日

ご連絡先電話番号（必ずご記入ください）　□自　宅　（　　）　□勤務先　（　　）

ご指定書店（地区　　）（お買つけの書店名をご記入下さい）　帳合

書店名　　書店（　　店）

5987

太陽系観光旅行読本

愛読者カード　オリヴィア・コスキー & ジェイナ・グルセヴィッチ 著

＊より良い出版の参考のために、以下のアンケートにご協力をお願いします。＊但し、今後あなたの個人情報(住所・氏名・電話・メールなど)を使って、原書房のご案内などを送って欲しくないという方は、右の□に×印を付けてください。　□

フリガナ
お名前　　男・女(　　歳)

ご住所　〒　　-

市　町
郡　村
TEL　　(　　)
e-mail　　@

ご職業　1会社員　2自営業　3公務員　4教育関係
5学生　6主婦　7その他(　　)

お買い求めのポイント
1テーマに興味があった　2内容がおもしろそうだった
3タイトル　4表紙デザイン　5著者　6帯の文句
7広告を見て(新聞名・雑誌名　　)
8書評を読んで(新聞名・雑誌名　　)
9その他(　　)

お好きな本のジャンル
1ミステリー・エンターテインメント
2その他の小説・エッセイ　3ノンフィクション
4人文・歴史　その他(5天声人語　6軍事　7　　)

ご購読新聞雑誌

本書への感想、また読んでみたい作家、テーマなどございましたらお聞かせください。

土星
♄
SATURN

土星は複雑な模様を描く環と、目まぐるしく移ろう色とりどりの雲景、そして神秘的な六角形の渦を持つ、太陽系の宝石です。この星は大きなガスの塊でしかないのに、眺めていると心が落ち着いてくるのですから不思議なものです。さあ、稀薄な大気が作るぷっくりと背の高い雲のなかを舞い降りていきましょう。重力は地球よりごくわずかに小さい程度ですから、感覚的には違和感の少ない星です。

土星へのツアーはどなたにでもおすすめするものではありません。長距離をはるばる行くのにひとがんばり（というより百万がんばりほど）するのもやぶさかではないというガッツのある方、ほうぼうツアーに行かれていよいよ土星の環を間近に見ようという旅慣れた方におすすめしております。たしかにハードルは少々高い星かもしれません。しかし、たくさんの衛星と小衛星——氷の小さな塊から惑星なみに大きな岩石までさまざま——を抱える土星の旅は、思わず大よろこ

♄ 早わかり

直径——地球の9倍以上
質量——地球の95倍
色——少しオレンジがかった黄褐色。ところどころ青みを帯びている
公転速度——時速約3万5000キロ
重力——68キロの人の体重が62キロになる
大気の成分——濃い。水素96パーセント、ヘリウム3パーセントのほか、微量のメタン、アンモニア、重水素化水素、エタンも含まれる
素材——ガス
環——あり
衛星——66（報告数は86）
気圧1バール（表面）の温度——マイナス140℃
1日の長さ——10時間40分
1年の長さ——地球の29年以上
太陽からの平均距離——14億3000万キロ
地球からの距離——12億キロから16億キロ
到着までの所要時間——フライバイに地球の3年
地球にテキストメッセージが届く時間——67分から93分
季節変化——地球と似ているが、ひとつひとつが長い
天気——断続的に大きな嵐、強風
日照量——地球の約1パーセント
特徴的な点——環、神秘的な六角形（ヘキサゴン）
セールスポイント——スカイダイビング、環はめ、衛星スポーツにおすすめ

びしたりリラックスしたりできるとりどりの景色を見せてくれるにちがいありません。太陽系屈指の興味深い衛星タイタンの浜辺をゆったりと散歩——おすすめです！

天気と気候

地球では、天気といえば頭上で発生する現象のことです。ところが土星では事情が異なります。頭上だけでなく、足下でも嵐が吹くことがあるのです。土星に地面はありません。雨が濡らす土も、雷が落ちる木もありません。そこにあるのはうねる雲が厚くひしめく空と、容赦なく吹きつける風と、惑星を飲み込む嵐だけ。ではあなたがそんな空をあちこち飛びまわっているとき、天気はどのように変化するのでしょうか。旅行者ならば誰でも不安になり、同時に興味しんしんとなるでしょう。木星と同じように土星の成分も主に水素とヘリウムで、さらに微量のアンモニアとメタンが含まれています。最上層部はかすんで寒く(マイナス100度をさらに下まわります)、分厚いアンモニアの雲が土星をバタースコッチのシロップですっぽり包んでいるように見えます。雲のなかを下りていくと温度はマイナス70度ほどまで上がり、硫化水素アンモニウムの雲が現れてきます。木星の雲と同様に、色は上層部よりも赤みの強い茶色です。さらにその下にある地球に似た水の氷の雲あたりまで行くと、そろそろ気圧と温度が不快なレベルに急上昇する一歩手前となります。

土星は太陽から15億キロほどの距離にあって、木星よりやや寒く、気圧が地球と同じくらいになる高度での平均温度はマイナス１４０度です。木星と比べるとずっと軽く重力も小さい星ですが、１日の長さは木星なみの10時間40分となっています。そして、やはり木星と同じように、雲が東向きに流れるゾーンと西向きに流れるベルトの縞模様があります。

土星の風はすさまじいのひと言です。赤道付近の風速は毎秒４００メートル以上！　1年はかなり長く、地球の30年近くあります。27度の自転軸の傾きがもたらす季節の変化はときに劇的な天候パターンを引き起こし、北半球の春は、土星に1年に1度「嵐の前線」を連れてくることで知られています。乱流となって発生した嵐が水にたらした着色料のように渦を巻いて広がりながら土星を取り巻くのです。このとき嵐は放電量が地球の雷の1万倍もの強烈な稲光を発します。なにがなんでも雷は避けてください（とはいえ、導電性金属の宇宙船に乗っているかぎりは安全なはずです。地球の航空機に対する落雷と同じように、封鎖された構造が電気的バリアとなってあなたを守ってくれます）。高温の電気によって生じる真空は、雷鳴を発生させるほど激しく大気を振動させます。そして木星と同様に、雷鳴はあの懐かしいゴロゴロという音ではなく、土星の空の稀薄なガスによってひずんだ、あえぐような甲高い音がします。

出発のタイミング

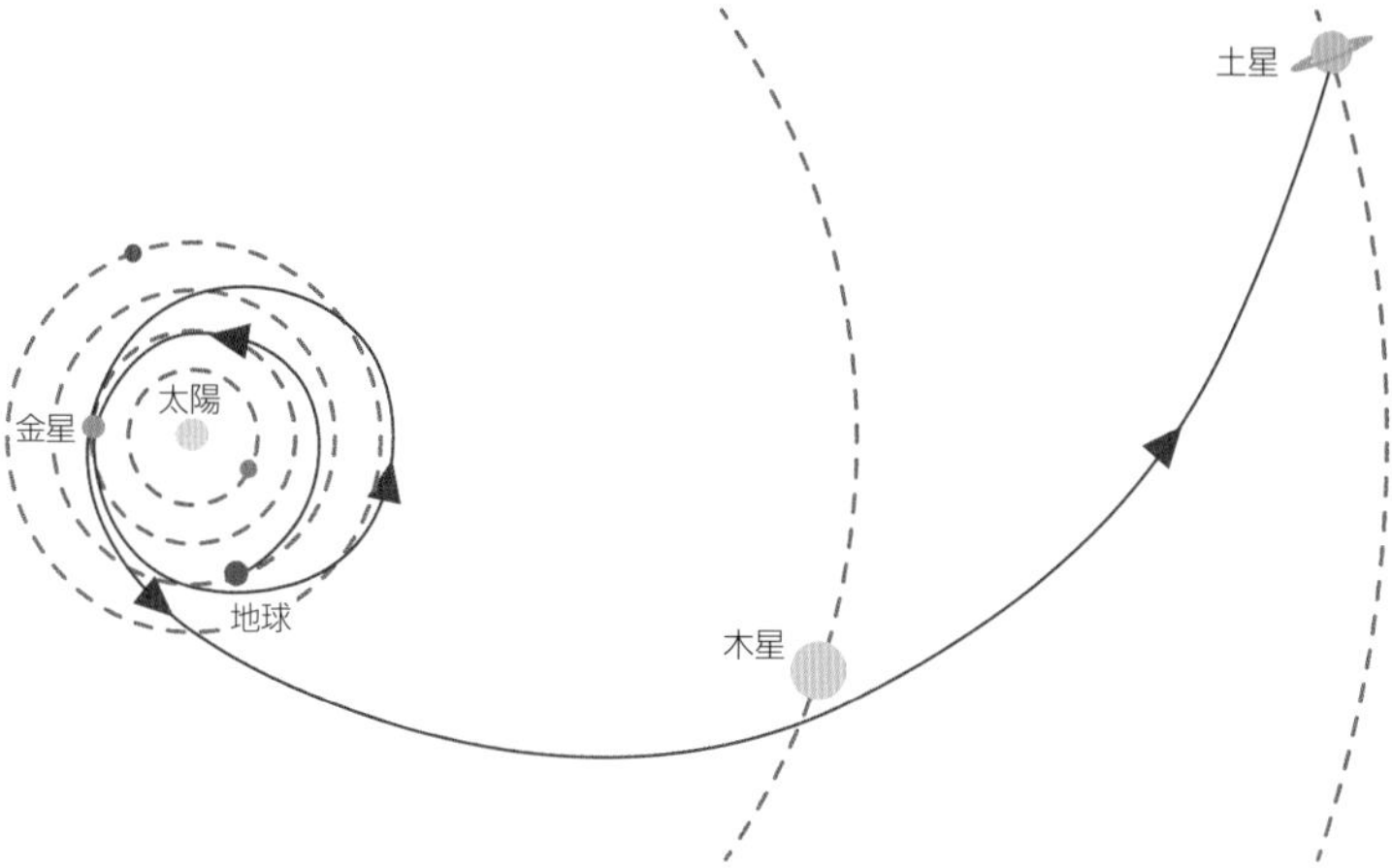

探査機カッシーニにヒントを得たこの飛行経路では、休暇を使い切る前にあなたを土星に運ぶために木星の重力アシストを利用する。

土星に行くには、木星による強力な重力アシストが受けられるタイミングがベストです。ふたつの惑星が一列に並ぶのはざっと12年に1度。地元の〈インターギャラクティック・トラベル・ビューロー〉に相談し、次に打ち上げ可能なローンチウィンドウを確認しましょう。

土星のベストシーズンは春。7年の冬が終わり、北極に見える六角形の輪郭がはっきり見える季節です。この時季、太陽からの熱視線が少し強まることで土星のガスが動かされ、荒れ狂う見事な嵐を引き起こすのです。

アクセス

とにかく早く到着したい、なんだったら1000個の核爆弾で動く宇宙船でもかまわない、というのでしたら、1960年代にNASAが行なっていた「オリオン計画」を復活させるという方法もあります。もしすべて計画通りにいけば、この宇宙船からの被曝線量は宇宙空間を普通に飛行しているだけで浴びる放射線量を上まわることはないはずです。ただしこの選択肢をとる場合、地球を出発するときは通常の化学燃料ロケットで飛び立ち、その後宇宙空間で特別な宇宙船とドッキングする必要があります。地球の住人を放射性廃棄物にさらさないためです。

一方、もっと一般的なロケットで土星まで行くのがよければ、基本どおりに重力アシストを利用する経済的な方法にしましょう。地球と金星と木星があなたの船を後押ししてくれます。時間は多少かかりますが、途中のすばらしい眺めを写真におさめるいい機会にもなります。

到着！

黄褐色のガス惑星に近づいてまず気づくことのひとつは、その環の美しさです。遠くからでは、土星の環は継ぎ目がなく、平らで、静止しているように見えます。ところが近づくにつれ、ひとつながりと見えた姿はバラバラのかけらの集合体だとわかってきます。宇宙を漂うこの氷のかけらのなかには、建物ほどの大きなものもあれば、うんと小さなものもあります。みな重力の影響を受けて土星をまわり、中心から近いものは遠いものよりも速く周回しています。環と環のあいだが大きく空いた隙間には小さな衛星が見えるかもしれません。

また、土星がつぶれた球状をしていることにも気づくはずです。そもそも完璧な球体の天体はありませんが、それにしても中央がかなりふくらんでいることがおわかりになるでしょう。土星は高速で自転しているため、遠心力で赤道の直径が極方向の直径より10パーセントも長くなっているのです。

さらに近づいていくと、だんだん雲が見えてきます。しかしこれは目の錯覚でしょうか。巨大な水彩画の傑作が宙にふわふわと浮いているではありませんか！　じつはこの名画の色彩を生んでいるのは微量のメタンやアンモニアその他の気体であり、それが土星の面《おもて》にバンドとゾーンの縞模様を作っているのです。縞は赤道に近いものは幅が広くなり、それぞれ土星の大気に異なるジェット気流が吹いていることを示しています。さらに近づくと、涙のしずく形の嵐が渦を巻いているのも見えてきます。

それぞれの雲をもっとよく見るために、大気のなかを遠足するのもいいでしょう。地球の雲と同じように、形も大きさもじつにさまざまです。最上層はアンモニアから成り、雲に含まれる微量の硫黄によって落ち着いた黄褐色の明るい色味をしています。こうした硫黄はいわば天然のスモッグのもと。人間がスモッグを吐き出す車を作るより何十億年も前から存在していた惑星が本来持っているものなのです。

移動する

土星の空は96パーセントを水素が満たしています。水素は宇宙で最も軽い元素ですから、もし土星を巨大な浴槽に入れることができたらぷかりと水に浮いてしまいます。このことは飛行船での移動に工学的な課題を突きつけます。地球では、水素は（比較的）重い地球の大気よりずっと軽いため、水素ガスを入れた風船や飛行船を持ち上げることができます。しかし土星ではただの水素では浮き上がりません。熱する必要があります。そうすることでまわりの冷たい水素より軽くなるからです。危険じゃないのか？　心配いりません。炎のそばで酸素と混ぜないように気をつけていただければ燃えることはありません。あるいは、真空飛行船を使うという選択肢もあります。結局、水素より軽いと言えばひとつしかありません……空《から》の状態です。ただし、残念ながら真空飛行船は内部破裂を起こしやすいという欠点があることはご承知おきください。

軌道から望む土星はまさに驚嘆ものです。たとえ大気が稀薄でも、その大きさゆえ土星は総質量も大きいのですが、そのため土星の重力から逃れるには、地球の引力圏から脱出するときの3倍のロケット燃料が必要です。このツアーでは土星から衛星に行くにはシャトルを拾い、現地を見てまわるときにはほとんどローヴァーを使うことになります。土星最大の衛星タイタンには窒素を中心とした非常に濃い大気があるので、小さな飛行船や飛行機には理想的な条件が整っています。

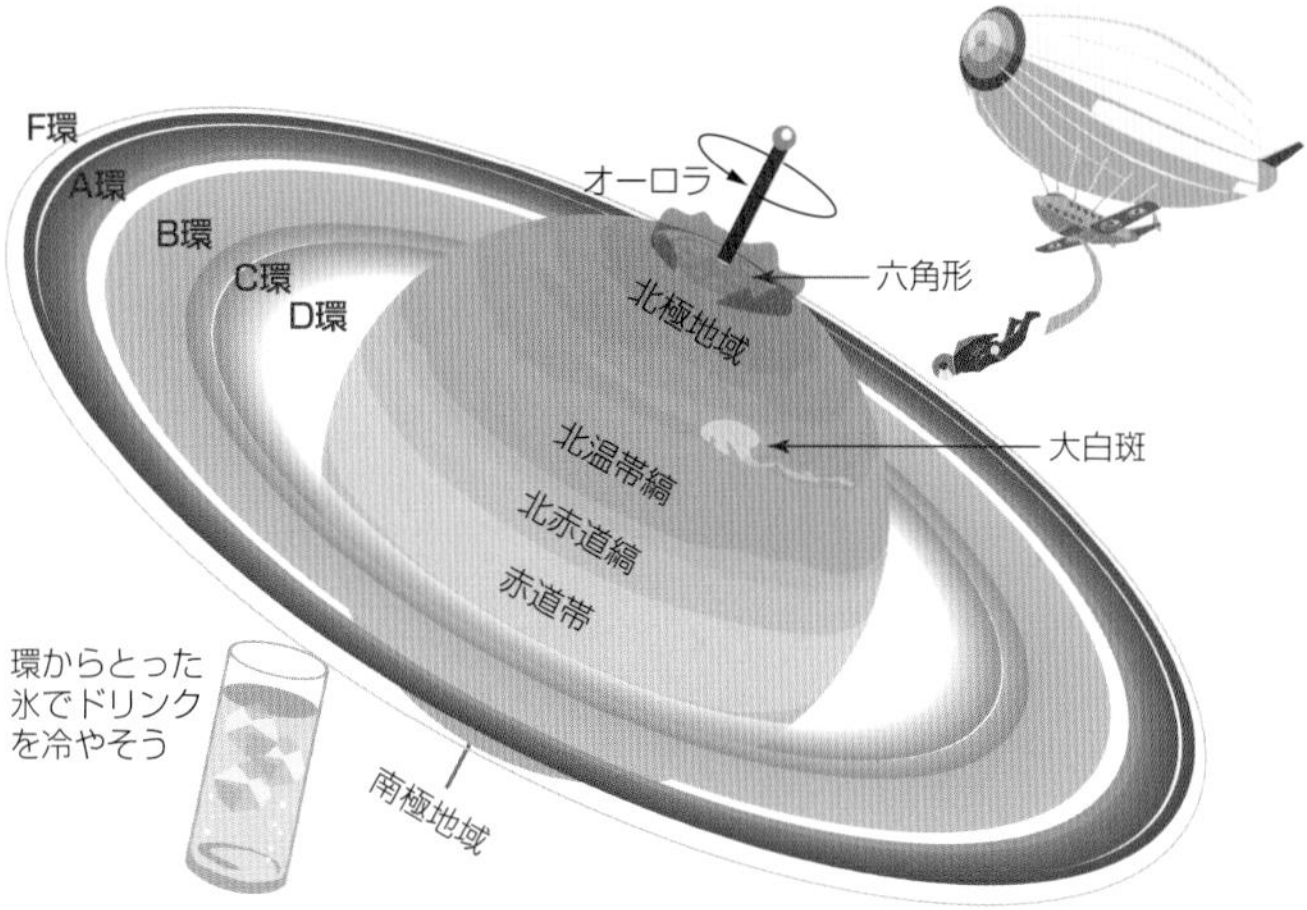

土星で新年を迎えよう

観光スポット

◎北極の六角形（ヘキサゴン）

北極では、土星で最も魅惑的で神秘的な現象のひとつ、「ヘキサゴン」を目にすることができます。「北極の渦」とも呼ばれるこのガスの渦は、わずかに丸みを帯びてはいるものの、非常にはっきりとわかる六角形を作っています。最も長い対角線の長さは地球の直径の2・5倍以上。深さ約100キロ。一辺の長さは地球の直径を超え、太陽系で指折りの大きさを誇る自然の驚異です。ヘキサゴンは秒速100メートル以上の乱気流ですので、下りていくなら十分な装備をしてください。ヘキサゴン全体は10時間半で1回転しています。

それにしても一体どうしたらこのように壮大な現象が生み出されるのでしょうか？　土星で

は、高度によって異なる速度の風が吹いており、こうしたさまざまな風が巨大な風の波を生んでいます。そして土星の北極のまわりにある6つの波が頂点に達して折り返し、六角形を形づくっているのがヘキサゴンなのです。波の頂点の数——そしてできあがる形——は、風の速度と、風の層ごとの風速の差によって決まります。

土星の北極に広がる六角形はジェット気流のような風が生み出したもので、風のうねりがカーブを描いてこの形を生み出している。
出典：NASA/JPL/SPACE SCIENCE INSTITUTE

◎南のハリケーン

土星の南極にヘキサゴンはありませんが、まばたきしない巨大な目のように見える、けっして消滅しないハリケーンがあります。風は危険きわまりなく、速度は毎秒150メートル——地球のハリケーンなど問題になりません。しかし冒険好きな方のなかには、その目の奥深くに下りていきたいと思う人もいらっしゃるでしょう。じつはこの南の大ハリケーンは——そしてヘキサゴンも——雲に飲まれることなく大気の少し奥まで潜っていける数少ない場所のひとつなのです。

アクティビティ

◎環でサーフィン

土星の壮麗な環を望遠鏡でのぞいた人は大勢いますが、地球から12億キロ以上を旅してそれに触れた人はほとんどいません。土星の環を〝体験する〟ことは、宇宙を深く愛する旅行者たちにとっては一生の夢です。もしそれが実現するのなら、その複雑な模様について何週間でも思いをめぐらすことができるでしょう。

土星には主要な環（リング）が7つあり、それぞれがおびただしい数の「リングレット」と呼ばれる細いリングで構成されています。色はグレイが基本で、ちらちらと光るピンクと茶がわずかに混ざり、それぞれアルファベットの名前がつけられています。環が広がるのは、木星からの距離6万4000キロから48万キロのところまで。土星の雲の最上部と環の内側の縁との空間に、土星の半径をはめ込むことができてしまいます。

環は土星に近いほうからD環、C環、B環（Bが最も太く明るい）と呼び、次に「カッシーニの間隙《かんげき》」として有名な大きな隙間があります。通説に反して、カッシーニの間隙には完全に何もないわけではなく、わずかに塵が集まっています。カッシーニの間隙の先にあるのがA環。このなかにはカッシーニよりも狭い「エンケの隙間」が存在します。次がF環。そしてさらに外側の

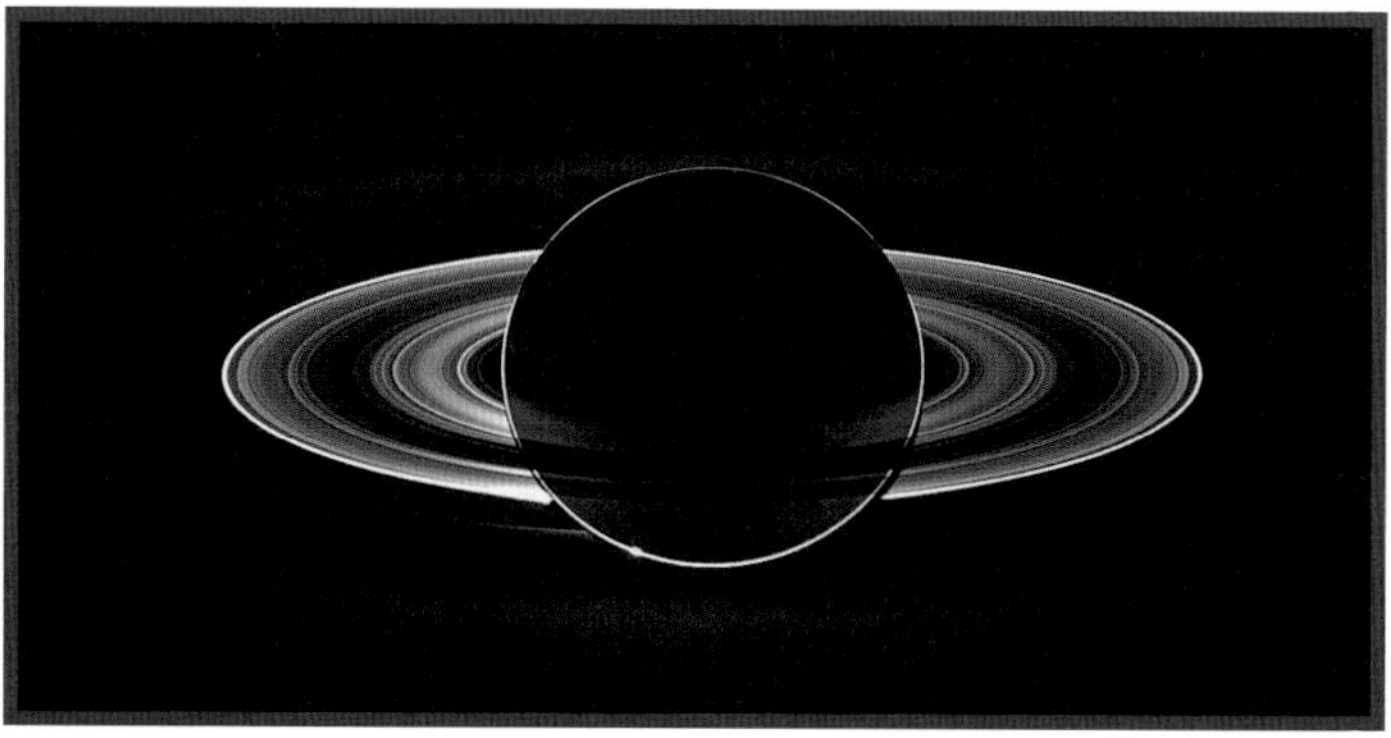

太陽が土星の裏側にあるときに逆光でとらえた土星の環
出典：NASA/JPL/SPACE SCIENCE INSTITUTE

かすかなG環、E環へと続きます。

じつは環はきわめて薄く、厚さはせいぜい100メートルほどとも言われています。真横からではほとんど見えませんので、上から眺めることをおすすめします。そして、間近で見れば環の粒子は思ったよりも整然としていないことがおわかりになるでしょう。粒子は複数集まって回転方向に引き伸ばされた不規則な塊を作っており、それぞれの塊のあいだにはかなりの間隔が空いています。もしすべての環の粒子をぎゅっとひとつにまとめたら、中規模クラスの土星の衛星くらいになると言われています。

環は静かにじっとしているのではなく、粒子がまるで生きているこぶのようにあちこちで大きくなったり小さくなったりしています。土星の衛星が環の動きに優雅にたわむれつつ、影響をおよぼしているからです。衛星は自らの重力で環にさざ波を立てたり躍らせたりしているのです。環はラッパ状に広がったり厚くなったりするかと思えば、縁がギザギザの山のような形になったりします。また、環を横断する車輪のスポークのような模様が現れてはまた消えたりもします。環を形成しているのは、衛星や飛来する彗星から放出された氷です。おそらく、新しく環の軌道に入ってくる物質は環の軌道を出て行く物質よりも少ないと思われます。そのため、遠い未来には環は完全になくなってしまう可能性も考えられます。

土星の環の成因について確かなことはわかっていませんが、最も有力な説は、土星に近づきすぎた衛星によって形成されたというものです。土星に近い側と遠い側に働く引力に差があることで潮汐力によって衛星が引き伸ばされ、やがてその力ゆえに粉々に砕けたという考え方です。

さて！　講義のあとは土星の環からじかに手に入れた氷で宇宙カクテルのロックを堪能しようではありませんか。なにしろ環のおよそ93パーセントが水の氷なのです。ただし、小石や塩や有毒化学物質の混入した氷もありますので、バーテンダーが間違って使っていないか、チェックしてから味わいましょう。

◎オーロラを探す

土星のどちらかの極を訪れているときは、オーロラに目を光らせておきましょう。木星と同じように土星の磁場も、太陽や衛星や自分自身から放出された荷電粒子をとらえ、それを磁極へと運びます。そして高エネルギー粒子が土星の上層大気の気体と衝突したとき、その気体の原子や分子にエネルギーをあたえ、それが光の形で放出されるのです。

土星の磁場はお隣の木星の磁場の強さとは比べものになりませんが、美しさでは負けていません。上空100キロほどの場所で大気に揺れる巨大なカーテン——それが土星のオーロラです。高度によって色は変化し、下のほうはピンク、上に向かって美しい紫の色合いへと移っていきます。

◎嵐を追いかける

土星の逆巻く大気は、器のなかでぐるぐると渦を巻いたコーヒーソフトクリームにチョコレートソースがかかっているように見えます。数十年に1度、巨大な嵐が土星をほぼ取り囲むと、太陽系じゅうの嵐の〝追っかけ〟は大よろこびとなります。というのは、この「大白斑」と呼ばれる嵐はめったに見られない光景であり、地球時間で言えばこの140年以上のあいだで6度、土星の北半球の夏ごとに1度程度しか起きていないからです。大きさはアメリカ合衆国よりもさらに大きく、大気中の水蒸気が上昇したり沈んだりすることで形成されると考えられ、地球に嵐が発生する基本的なメカニズムと似ています。ただし、嵐に成長するまでにはずっと時間がかかります。

◎スカイダイビング

土星は地球より質量もサイズも大きいので、スカイダイビングも一味違います。ぜひ評判のいい会社を選んでください。後払い可のところを選ぶのが鉄則です。質《たち》の悪い業者はやたらと高いところからダイバーを飛ばしたがりますが、これでは急加速してしまい、不運な冒険者が高密度のガス層に達する頃には落下スピードが速すぎて隕石のように燃えつきてしまいます。でも恐がりすぎないでください。大気圏内でスタートするかぎりは抗力が働いて、致命的な速度にまで加速することはありません。気圧が地球と同じところからスタートすると、飛行船の開け放ったドア口に立って飛び出す構えをしたとき、あなたは自分の体をほんの少し、1〜2キロほど軽く感じるはずです。そして飛び降りると、最初は地球での落下よりもやはり少しだけゆっくり落ちていくように感じるでしょう。落下スピードが時速約200キロに達すると地球ではそれ以上加速しなくなりますが、土星では時速約530キロにまで達します。これは土星の大気のほうが稀薄で、抗力が小さくなるためです。広々とした空と自分を隔てるのは宇宙服一枚だけ。世界一速いレーシングカーよりも速く飛ぶ高揚感をぜひ味わってください。

ダイビングはまず、かすみのような黄色っぽいアンモニアの氷の雲の層へ落ちるところから始まります。100キロをおよそ10分で落下すると、密度の低い、赤みを増した硫化水素アンモニウムの氷の雲に突入します。次に、懐かしい水蒸気の白雲のなかに入っていきます。しかし地球と違って水蒸気の雲は非常に暗いはずです。そもそも日照量は雲の最上部で地球のわずか1パーセントしかありません。雲はどんどん暗くなっていき、しまいには真っ暗な漆黒へと変わります。地面なければ臆することなく深淵へと落ちていきましょう。地面にぶつかる心配はありません。地面などないのですから。ただしあまりに深く落ちすぎると、宇宙服が圧力に負けて内部破裂する可能性はあります。十分ダイビングを味わったらパラシュートを開き、上昇ロケットに点火して回収船に向かいましょう。

しかしもし仮に生存可能な域をはるかに超えて落下しつづけるとしたら、あなたは土星の最もミステリアスな領域に遭遇することになるでしょう。そこでは高圧高温の軟泥が凝固して、固体のダイヤモンドが形成されています。そうした未加工のダイヤモンドは1インチ（2・5センチ）以上になることもあり、あたりでは文字どおりダイヤモンドの雨が降っているでしょう。ガスと氷の巨大惑星はすべて内部にダイヤモンドを隠しているのですが、土星にはこの魅惑的な〝雨〟が最も多く存在すると考えられています。

◎花火見物

すでにご説明したように土星の大気は約96パーセントが水素であり、それは、酸素があると非常に爆発しやすくなるということです。ということは——貴重な酸素を無駄に使えばまわりのひんしゅくを買うでしょうし、火災が非常に危険なことも承知していますが——たまの特別な晩に、大気中の水素を集めて人工の大気環境内で火をつけ、制御爆発させることもできるわけです。点火されたガスから出る火煙は火山の噴煙のようにも見えるでしょう。

ちょっとよりみち

せっかく土星まで来ておいて、観光する衛星をひとつにしぼるなんてもったいない！　土星には66の衛星があり、どの星も通《つう》の旅行者向けのお楽しみがいっぱいあるのですから。しかしそれでもひとつしか行く時間がないのなら――タイタンをおすすめします。

◎タイタン

地球以外のビーチリゾートをお探しでしたら、タイタンは最良の選択肢です。ただし、タイタン観光は太陽さんさんのメキシコ・カンクンの保養地というより南極探検のような感じです。ビーチでは多少の慣れも必要でしょう。なにしろ四六時中夕闇に沈んでいるのですから。正午でもせいぜい日が沈んだ15分後のようなありさまで、太陽は一寸先も見えないほどの霞と雲の層の向こう側です。もしその先を見ることができるなら、このオレンジ色をした衛星の岩だらけのビーチはじつにすばらしいところなのですが。

大気中の有毒化学物質と亜寒帯の温度から身を守るものはもちろん必要になりますが、気圧は地球の海面気圧の1・5倍にすぎないため、与圧服はいりません。服が肌に貼りついて、気圧の重みを多少感じるかもしれませんが、飛び込みプールの底で感じるくらいのものです。

メタンやエタンのような炭化水素の湖や川のなかを歩くのは楽しい体験となるでしょう。炭化

土星の衛星タイタンは太陽系でも指折りの楽しい場所
出典：NASA/JPL/SPACE SCIENCE INSTITUTE

水素は水より重いため、防寒用の宇宙服を着ながら粘性の液体に浮かんでいられます。イルカみたいにジャンプしてみませんか！そして、じっと耳をすましてみてください。タイタンの海はとてもおだやかですが、波の砕ける音が聞こえてくるかもしれません。その波の音は、地球とはまるで異質な大気と低温にゆがめられた、低く、聞きなれない音です。濃い液体、濃い大気、ゆったりと吹く風のなか、波は地球よりもゆっくりと寄せ、ゆっくりと引いていきます。

　ビーチでくつろいでいると、フリスビーが流行っていることにたぶん気づかれるはずです。タイタンの大気がディスクを投げるのにとりわけ向いているからですが、慣れるまでにはベテランのアルティメット「フリスビーのディスクを使って行なうチームスポーツ」選手でさえ多少時間がかかります。超高密度な大気には、浮力が大きくなり落下速度が遅くなるという特徴があるうえ、空気抵抗が大きいためになにか物体を投げるには肩の強さが必要になるからです。

おびただしい数のメタンとエタンの湖は、ビーチで遊ぶ人だけでなく、湖上から見る岸辺の風景や頭上の靄《もや》を眺めて楽しむ大勢のボート乗りも引き寄せます。初めてタイタンを訪れる人は、メタンの密度が低いせいでボートが湖や川にあまりに深く沈み込むことにびっくりするかもしれません。ボート乗りに人気のスポットは「クラーケン海」です。タイタンで最も広く液体の集まっている場所で、地球のカスピ海よりも少しだけ広く、深さは場所によって200メートルほどに達します。

タイタンには、変わった波のうねりがあるとの評判を聞きつけたサーファーも押し寄せてきます。けれどちょっと待ってください。タイタンの冬は風がおだやかで、基本的に海は凪いでいます。波は10センチにも届かないほど小さく、時速2・4キロほどのゆっくりとしたスピードで進むのが普通です。ビッグウェーブはめったにありません。それでも運よくそのめったにない波に乗ることができれば、タイタンでのサーフィンは別世界の体験になるでしょう。可能性があるとしたら、極の海にハリケーンが迫っているときです。もしかするとすごい波に出会えるかもしれません。

嵐がメタンの雨を連れてくることもあります。地球の雨の倍近くもある大きな雨粒は、濃い大気と低重力の影響で、まるで地球の雪のようにゆっくりと落ちてきます。嵐のあいだは稲妻が光り、異様な雷鳴が聞こえるかもしれません。

ビーチに飽きたら赤道にある砂丘に行ってみましょう。グラノーラほどの硬さでアスファルトのように黒い砂の丘には、飾り気のない美しさがあります。ローヴァーで移動中に急斜面を見つけたら砂丘ボードでひとすべりするのもいいでしょう。チャンスがあれば、空から砂丘を眺めてみることをおすすめします。砂丘がタイタンを赤道でぐるりと囲んでいるのがよくわかります。

タイタンを探索するのに最良の方法のひとつは、自力で飛ぶことです。大気がスープのように濃く重力が小さいということは、ムササビのようなウイングスーツを着て腕をパタパタ動かせば——それにおそらくスラスターの助けが少しあれば——鳥のように飛べるということになります。ただし、濃い大気のなかでグライダーの羽のようなウイングスーツの翼を動かすのは、たとえ低重力下でも簡単ではありません。おまけにフェイスシールドではガソリンのしずくが凝結するかもしれません。うまく大気に乗るコツは、できるだけ速く走り、その後補助スラスターを作動させて、離陸するつもりでジャンプすることです。足が地面を離れたら精いっぱい腕につけた翼で羽ばたいてください。首尾良く空へ上がることに成功し、オレンジがかった黄色の靄の上にまで出たら、今度はその靄のなかに突っ込んで、メタンの湖面をかすめて飛んでみましょう！

もし歴史に関心がおありなら、「ザナドゥ」と呼ばれる南半球の明るい地帯に小型探査機ホイヘンスの残骸を見にいくのもいいでしょう。ホイヘンスは初めて外部太陽系の星に着陸し、タイタンの岩だらけの荒涼とした地表を撮影した探査機です。

◎パン

土星に最も近い衛星、クルミの形をした「パン」の地表から、土星の環の近景をとらえてみましょう。パンは、本来は土星の環になるはずだった粒子を集めて「エンケの隙間」を作り出しています。ギリシャ神話のパンは羊飼いの神ですが、こちらのパンは重力を使って環の粒子の番をしている羊飼い衛星というわけです。

◎パンドラ

パンドラは明るく、冷えきった衛星です。ちょうどいい具合にくぼんだ穴を見つけて――パンドラにはそんな穴がたくさんあります――潜り込み、軌道から土星を観察しましょう。パンドラは月と同じように自転周期と公転周期が同じなので、土星のすばらしい眺めを楽しむにはうってつけの星です。

◎プロメテウス

ジャガイモのような形をしたこの冷えきった衛星は長さが140キロほど。小さな星かもしれませんが、土星の最も奇妙な環と考えられている近傍のF環の形に影響をあたえています。プロメテウスの重力がこの環に恒久的なさざ波や、破れ、ねじれを生じさせているのです。衛星の最前列に陣取って、複雑でうっとりするようなF環の挙動を眺めましょう。

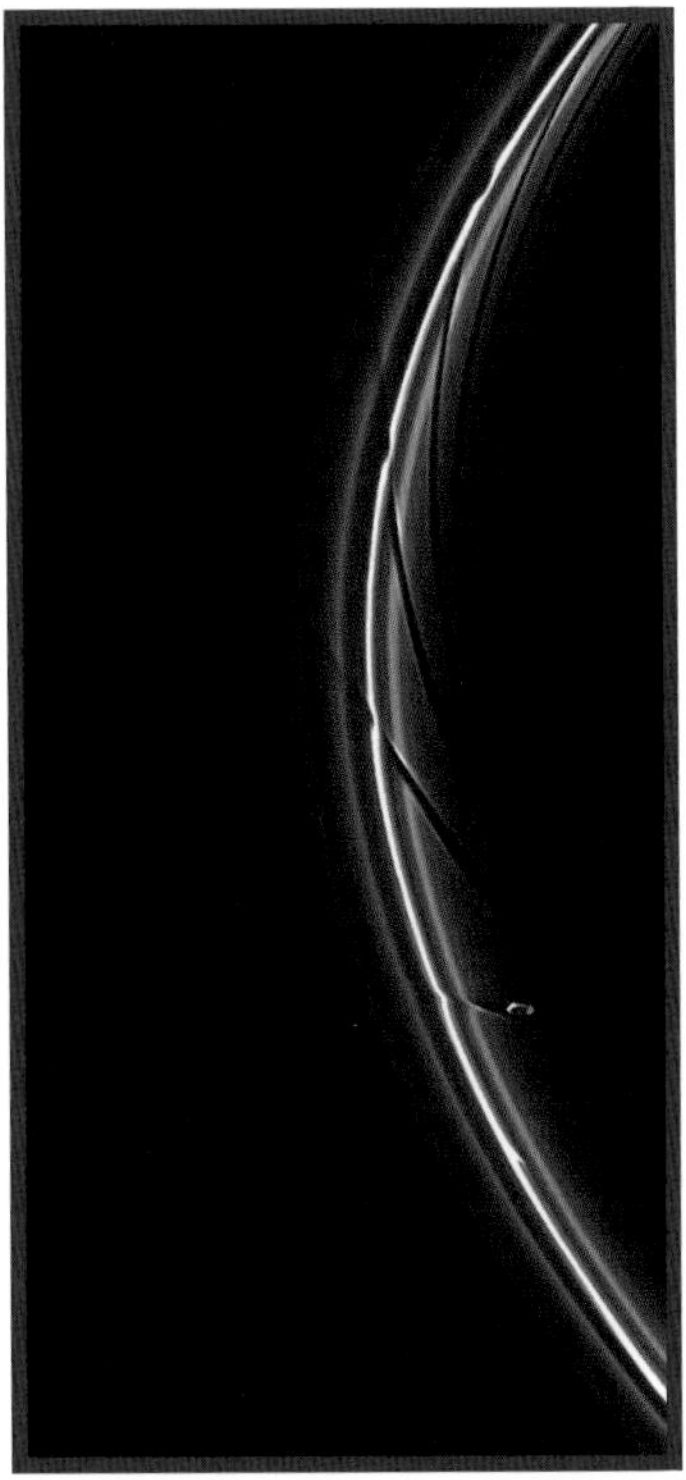

衛星プロメテウスは自身の重力によって土星の環に波を立てている。
出典：CASSINI IMAGING TEAM/SSI/JPL/ESA/NASA

◎ダフニス

ダフニスはA環のなかにある「キーラーの隙間」内を周回しながら、その隙間にある粒子を一掃している衛星です。土星の環本体のなかに軌道を持つ衛星はふたつありますが、ダフニスはそのうちのひとつです（もうひとつはパン）。ダフニスからは、ほかでは味わえない環の近景——氷の巨礫や小石、そして複雑な波打つ模様を作り出している小片——を間近に眺めることができます。また隙間の縁にはダフニスの重力の影響で高さ1キロを超える波が起きているのが見えます。

◎ミマス

『スター・ウォーズ』ファンなら「デス・スター」に瓜ふたつの、直径約４００キロの衛星ミマスを見るためだけに、土星までの13万キロを旅したいと思うかもしれません。かつて巨大小惑星がミマスの脇腹に深傷《ふかで》を負わせ、この衛星にしては巨大なクレーター「ハーシェル」を残しました。そのときの衝撃はミマスを崩壊させんばかりだったはずで、その証拠に直径の3割を超える長さ１３０キロもの傷を残し、それがこの星をすごみのある顔に見せています。

ひときわ目立つハーシェル・クレーターが衛星ミマスを「デス・スター」のように見せている。
出典：NASA/JPL/SPACE SCIENCE INSTITUTE

また、ミマスはカッシーニの間隙よりずっと外側の軌道をまわっていますが、じつはその間隙を作る原因となっています。カッシーニの間隙の端にある粒子の公転周期は、ずっと外にあるミマスの公転周期のちょうど2倍にあたります。つまり、粒子は定期的に一列に並ぶ傾向にあり、並ぶたびに少しだけ余分に重力に引っ張られるのです。その余分な引っ張りがやがて粒子をカッシーニの間隙から取り払い、隙間が残ったというわけです。

◎エンケラドゥス

明るく輝く衛星エンケラドゥスは、土星衛星系の氷の王様です。直径わずか500キロほど、月の7分の1の大きさしかないにもかかわらず、その表面は変化に富み、巨大な裂け目やクレーター原が見られます。実際に行けばゴツゴツとした地形に悪戦苦闘するのですが、その眺めにはあなたもカメラもきっと満足するでしょう。

エンケラドゥスは光の反射率が非常に高く、とても寒い星です。しかしカチカチに凍っているわけではありません。内部が潮汐加熱——土星から受ける重力が場所によって一定でないことで重力に押しつぶされたり引き伸ばされたりする結果、摩擦熱が生じる——で温められているからです。厚い氷の下にはその熱によって液体のまま保たれた水の海が広がっています。

エンケラドゥスの氷の殻には「タイガーストライプ（虎縞）」と呼ばれる大きなひび割れがあり、見学することができます。それぞれの縞は「地溝」と呼ばれる地面の裂け目であり、長さ約130キロ、幅1・6キロ以上で、深さは500メートルほどあります。地溝は南極付近に多く見られ、最も東の「アレクサンドリア」から歩きはじめて「カイロ」、「バグダッド」、最後に「ダマスカス」へと至るルートはおすすめのハイキングコースです。タイガーストライプの周辺はやはりかなり冷え込みますが、それでもエンケラドゥスのなかでは暖かいほうで、この衛星の見どころである「間欠泉」で人気の場所です。

この氷の衛星の間欠泉は表面に生じた亀裂から水を噴き出し、その水の一部が衛星の重力を逃れて土星のE環の氷粒子になっている。
出典：NASA/JPL/SPACE SCIENCE INSTITUTE

　エンケラドゥスの間欠泉――そして間欠泉が生み出すプルーム（水煙）――もまた太陽系の自然の驚異のひとつです。全部で100以上もある間欠泉は地表の亀裂に沿って並ぶように点在し、たびたび水煙を噴出します。そのそばに立ってみてください。水煙が大気の奥まで噴き上がるのが見えます。ときには160キロ以上も噴き出す水の速度は時速約1300キロ。とんでもない勢いです。水と水蒸気はあっという間に凍り、きらめく氷晶のやさしい雨となってあなたを包むでしょう。塩分を多く含む結晶は、まるで木星の衛星イオの火山が吐き出す溶岩のように、アーチ状に広がって大きな傘を作りながら落ちてきます。また、淡水の氷の一部はエンケラドゥスの引力圏を飛び出し、土星の最も外側のE環にキラキラと光る氷の粒子を絶えず補給しつづけています。

間欠泉をじっくり見たあとは、「スノーマン・クレーター群」に行ってみましょう。大きな3つのクレーターが雪だるま（スノーマン）そっくりに並んでいます。クレーターは細い亀裂だらけで、エンケラドゥスの大部分にこうした亀裂が見られます。

イアペトゥスは片側にペンキが飛び散ったように見える。
出典：CASSINI IMAGING TEAM/SSI/JPL/ESA/NASA

◎ヒペリオン

いびつな形のこの衛星は穴とクレーターだらけで、まるで古いスポンジのように見えます。転げまわるような予想不能な自転をするため（公転周期は21日）、この衛星から眺める景色が次にどのように変化するのかは誰にもわかりません。歩くときは深い穴に落ちないように十分気をつけてください。もし落ちてしまったら氷の地下洞窟の迷路をさまようことになるかもしれません。

◎イアペトゥス

　3番目に大きな土星の衛星イアペトゥスは、片側に黒っぽいペンキの大きな缶を落とした氷の球のようです。公転方向に面した半球には、端が茶色がかった黒の〝ペンキのぶちまけ跡〟があり、逆の半球は明るい色をしています。また、赤道には高い尾根が全周の3分の1の長さにわたって延びていて、尾根の山々はエベレストの高さの2倍以上、19キロほどの高さを誇っています。絶景ポイントはやはり頂上で、土星が見えればもう言うことはありません。イアペトゥスは土星の環を眺めるにも最高の衛星です。環を横以外のアングルで見ることのできる唯一の衛星であり、土星は地球の空に浮かぶ満月の4倍も大きく見えます。

けれど重力も小さいので（地球の4分の1以下）、エベレストよりは楽に登れるはずです。

ち
土星

天王星——横倒しの惑星を見るには体を傾けてみよう

天王星

URANUS

天王星は太陽系の秘宝です。おかしな磁場を持ち、それぞれの季節が気が遠くなるほど長く、内側の衛星が激しく揺れ動くことで知られる惑星ですが、一番の特徴は、横に傾いていることです。天王星は地球や太陽系のすべての惑星から見ると横に倒れていて、公転面に対して98度傾きながら自転しています。それでも旅行者は重力によってガス状の空に安全に停泊しつづけられますし、いくら横になっていても自転軸が南北方向であることに変わりはないので、その奇行にはほとんど気づきません。天王星がなぜすっかり傾いてしまっているのか確かなことは誰にもわかりませんが、太陽系の形成期に地球サイズの〝ならず者天体〟と激しく衝突した可能性が高いと言われています。

天王星への長旅に出発するには勇気が必要ですが、この唯一無二のリゾート地についてもっと知れば、その勇気も報われるでしょう。楽しいこと、うれしいことがむこうではたくさん待って

♅ 早わかり

直径――地球の4倍以上
質量――地球の14.5倍
色――淡いブルー
公転速度――時速約2万4000キロ
重力――68キロの人の体重が60キロになる
大気の成分――濃い。水素83パーセント、ヘリウム15パーセント、メタン2パーセント
素材――ガス
環――あり
衛星――27
気圧1バール（表面）の温度――マイナス197℃
1日の長さ――17時間14分
1年の長さ――地球の84年
太陽からの平均距離――29億キロ
地球からの距離――26億キロから31億5000万キロ
到着までの所要時間――フライバイに地球の9年
地球にテキストメッセージが届く時間――144分から175分
季節変化――周期が長い
天気――美しいオーロラと稲妻、雲の層ではメタンの靄が嵐を覆う
日照量――永遠の航海薄明（日の出前と日没後のような薄明かり）
特徴的な点――倒れている
セールスポイント――衛星スポーツ、バンジージャンプがおすすめ

いるはずです。気圧と重力が地球と同じくらいになる高度に浮かんだ空中都市から、この巨大氷惑星のメタンの空が放つ青緑色の輝きを浴びにいこうではありませんか。

すでに天王星に行かれた皆さまは、多くの衛星——グランドキャニオンもたじたじとなるほどの地面の割れ目や裂け目のある星々——も堪能していらっしゃいます。ウィリアム・シェイクスピアとアレグザンダー・ポープの作品の登場人物から名前のついた堂々たる主衛星——ウンブリエル、ミランダ、アリエル、ティタニア、オベロン——では、クレーターと溝の数々がさまざまな趣向をこらしたお楽しみをご用意しております。

天気と気候

天王星のあの壮麗な青い映像にだまされてはいけません。この惑星の気候は太陽系きっての奇妙さを誇ります。季節はそれぞれ21年続き——たとえば「冬が近づく」という言葉にはまったく新しい時間の観念が

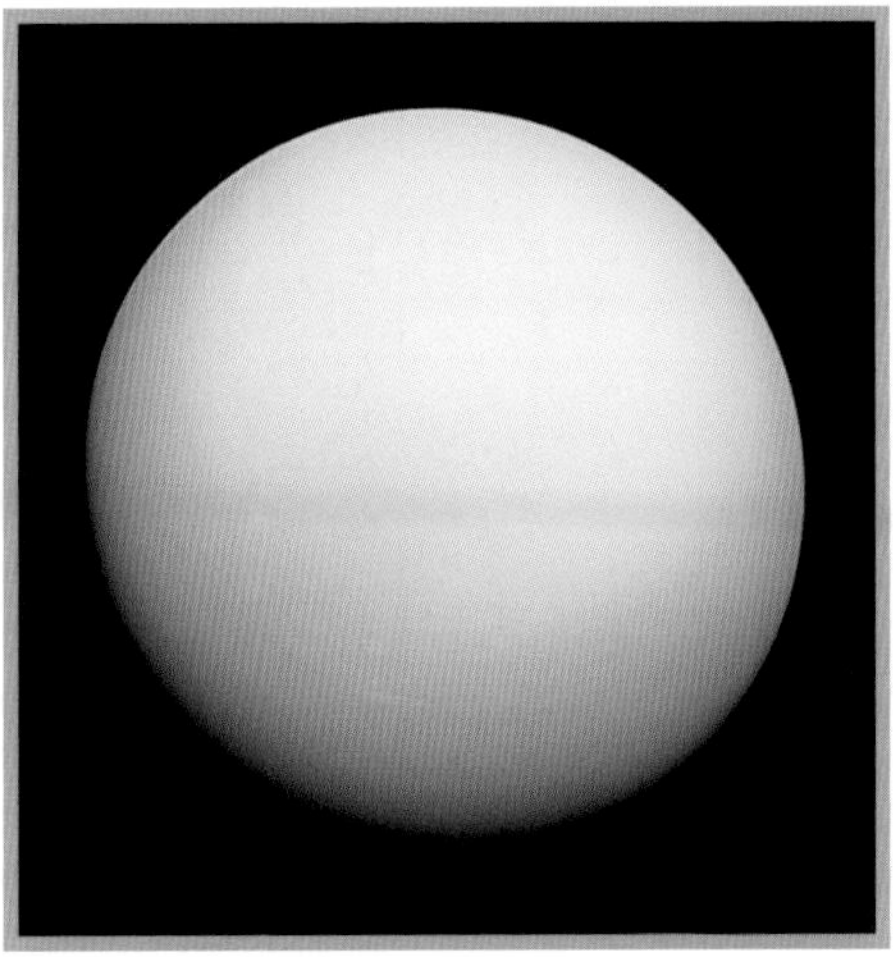

肉眼では、天王星は静かな青い球体に見える。
出典：NASA/JPL-CALTECH

必要になります——、しかも自転軸の極端な傾きが、ある奇妙なパターンも生み出しているのです。というのも、北極と南極はそれぞれ地球の84年に当たる1年の半分を太陽に向いています。つまり、現地の1日は17時間14分なのに、極地域では地球の1万5340日間、太陽が沈まないのです。南半球の夏のあいだ、空は夜明け前の湖と同じくらいおだやかに見えます。もちろんこの湖は夏であっても凍っているでしょう。それに、湖というのも少し違います。実際は、水素とヘリウムとメタンから成る氷とガスを攪拌するボウルのようなものです。また、天王星では季節の変わり目になると、暗い色の斑紋——直径3200キロの嵐——がうっすらとした白いメタンの雲（宇宙気象学者は「まばゆい連れ（ブライト・コンパニオン）」と呼びます）を伴って現れることもめずらしくありません。

天気は季節によっておだやかな寒さと大荒れの寒さを行ったり来たりします。もし懐かしの北極からの寒気がお好みなら、天王星の温度はまさにあなたにぴったりと言えるでしょう。太陽から32億キロ近く離れた天王星は大気の冷たさでは太陽系の惑星記録を保持しています。つまり、太陽からさらに遠く離れた海王星より寒くなることもあるのです。地球の21年に相当する夏の熱波のなかでも、温度がマイナス190度を上まわることはけっしてありません。これは南極のボストーク基地で記録された世界最低気温の2倍以上の寒さです。日照時間は地球の400分の1。体を温めてくれるものは存在しません。それが天王星です。

荷造りしたなかにウインドブレーカーは入っていますか？　天王星では当たり前のように強い

風が吹き、風速は毎秒250メートルを超えます。アメリカ合衆国ほどの大きさの嵐がカテゴリー5クラスのハリケーンふたつ分の猛威をふるうこともめずらしくありません。雲は稲妻を伴う嵐をはらみ、太陽活動が活発なあいだはオーロラが現れるでしょう。

出発のタイミング

天王星は1年があまりにも長いため、理屈のうえでは、あなたが天王星に地球の何年ものあいだ行ったままでも現地ではわずか数か月間いただけということになります。ベストシーズンは地球の42年ごとに訪れる夏至か冬至の時季。このとき極の一方は太陽を向いて、もう一方は完全に影に入っています。「中年にして人生最後の日没を見る」という感覚を想像してみてください。次の日没は42年後で、ほぼ確実にそれを見ることができないとわかっているとき、人は何を思うのでしょうか。

10年におよぶ真夏に日光を体感するほうがよろしければ、分点（春分および秋分）の直後に太陽を向いた極に到着するプランをおすすめします。2028年頃の天王星の至点を祝う準備をする余裕はまだたっぷりあります。その時季、昼と夜の違いがわかるのは赤道付近のみとなります。ただし天王星は自転が速いので、せいぜい地球の北極圏付近の短い冬の日といった感じですが……いや、正直に言いましょう。太陽から29億キロも離れているのです。昼も夜も、たいした違いなどありません。

燃料を節約したければ、土星か木星の重力アシストを受けられるときに行くのがベストです。片道で約10年かかることをお忘れなく。嵐の追っかけをするなら、活動が盛んになる２０４９年に到着するとよいでしょう。

アクセス

最適な計画を立てれば、天王星までの29億キロを10年かからずに行くことが可能です。休暇をどれだけ取れるのか。旅行中にも仕事や学業を続けられるのか。そして地球に戻ってきたいのか。じっくりお考えください。

最速で行くなら核爆弾推進ロケットが第一の選択肢で、帰路についても同様です。帰還できなくなるほど高齢になる前に愛する人のもとにお帰りになりたいなら、このリスクをとる価値はあるかもしれません。

長旅は飽きてしまって……という方には凍結保存という選択肢があります。細胞組織にダメージをあたえずに低温保存するガラス化凍結保存法は臓器移植術に用いられて成功している方法ですが、全身が元に戻るかというと、正直なところ疑問が残ります。まだ完成された技術ではありませんから、回復保証をうたっている会社にはむしろ気をつける必要があるでしょう。保証書の

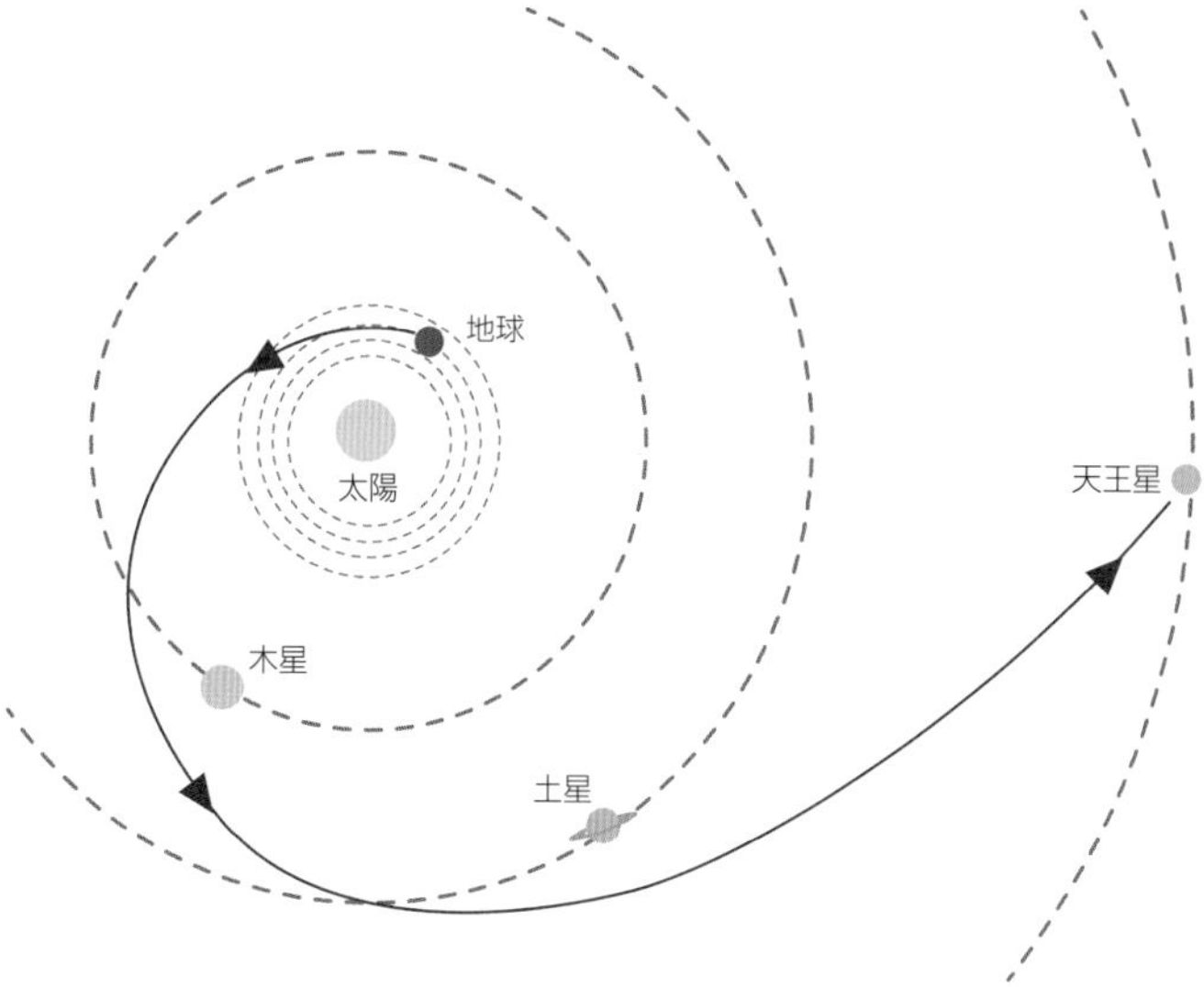

思い切って太陽系の外縁部まで行くなら、冬眠に入ることも検討してみよう。

但し書きはよく読んでください。回復の保証は今後50年から100年は発効しないなんて小さな字で書いてあるかもしれません。しかしもし凍結保存がうまくいけば、寿命を（さほど）縮めずに天王星まで行くことができます。研究に協力するかわりに運賃を無料にしてもらう、という考え方も「あり」でしょう。自分にとってのベストを選択してください。

旅のあいだも意識を保って活動的でいたい方には、宇宙船がクルーズ船と似たような快適環境を提供してくれます。地球のニュースをチェックすることも、お気に入りのテレビ番組を観ることもできます。ただし、しだいに長くなる通信遅延についてはご理解をお願いいたします。

到着！

ついに天王星到着！　10歳歳をとっていようと、レトロな原子力ロケットで来ようと、ガラス化凍結の過程を生き延びて未来で目覚めようと、そんなことはともかく、お祝いです！　おっと、時計を調整しないと。天王星の1日はわずか17時間14分なのですから。とはいえ、現実には地球時間そのままにしていらっしゃる方がほとんどです。というのも、なんと言いますか……たとえば、水平線が溶けて見えなくなり、物の輪郭はぼんやりと見てとれるだけ――そんな夕暮れの静かな海の真ん中にいる、と想像してみてください。はい、それが天王星の一番明るい時間です。しかもそれがずっとそのまま。ちなみに私はこれを「永遠の航海薄明」と呼んでいます。いえ、心配はご無用。天王星のあちこちに各種日焼けサロンやサンルームがあり、毎日ビタミンDを体に取り込むことができます。地球の〈スターバックス〉のように、本当にどこにでもありますので。

遠くから眺めた天王星は、特徴のない巨大

な青い球のように見えることでしょう。ところがすぐそばまで来ると、この惑星が青く濃い霧の果てしない海であり、その海が静かに波立ちながら四方八方へと水平線まで伸びていることに気づかれるはずです。

これもお伝えしておきます。天王星から地球のご友人やご家族にメッセージを送り、それを先方がお受け取りになるのは最長で3時間後（正確には2・39から2・93時間後）になります。インスタグラムの予約投稿をするようなものとお考えください。

移動する

軌道から美しい天王星を十分に観賞したら、突風の吹く空を下りていって、青みを帯びた雲を間近に眺めてみましょう。固い地面はないので、空中都市に滞在することになります。

ヘリウムと水素の大気のなかでのんびりと乗るには飛行船がもってこいです。高速の移動には飛行機をお使いください。赤道では大きなジェット気流が自転に逆らって西に向かって吹いていています。

靄《もや》のかかった空に飽きたら、空中発射で軌道にお戻りください。天王星のさまざまな衛星をめぐる際には、ローヴァーやホッパーのレンタルが便利です。

赤外線でとらえると、いつもは静かな天王星の外側の靄に隠れた大気の波と斑紋がわかる。

出　典：NASA/ESA/L. A. SROMOVSKY/P. M. FRY/H. B. HAMMEL/I. DE PATER/K. A. RAGES

観光スポット

◎赤道波

天王星は一見、果てしなく続くトウモロコシ畑のようにのっぺりとして退屈に見えるかもしれません。しかしその単調な表面の下にある世界をとっくりと観察すれば、がぜんおもしろくなってくる星です。天王星の最も不思議な魅力のひとつは、赤道の南でこの惑星を取り巻く、赤外線でしか見えない大規模な気象パターンです。この雲のパターンは、波長の長い、肉眼では見えないエネルギーの光を拾う特別なゴーグルで見ることができます。これは、暗視ゴーグルのように光を増幅させてより細かなところまで見せてくれるものです。さあ、大気が波を打っているのがご覧になれますか？　美しくしなやかな模様をぜひお楽しみください。けれどくれぐれも安全な距離から観察されるようお願いいたします。シェイクスピア描くヘンリー5世の台詞《せりふ》さながらに「あの突破口から雲のなかへ突撃！」とはなりませんように。

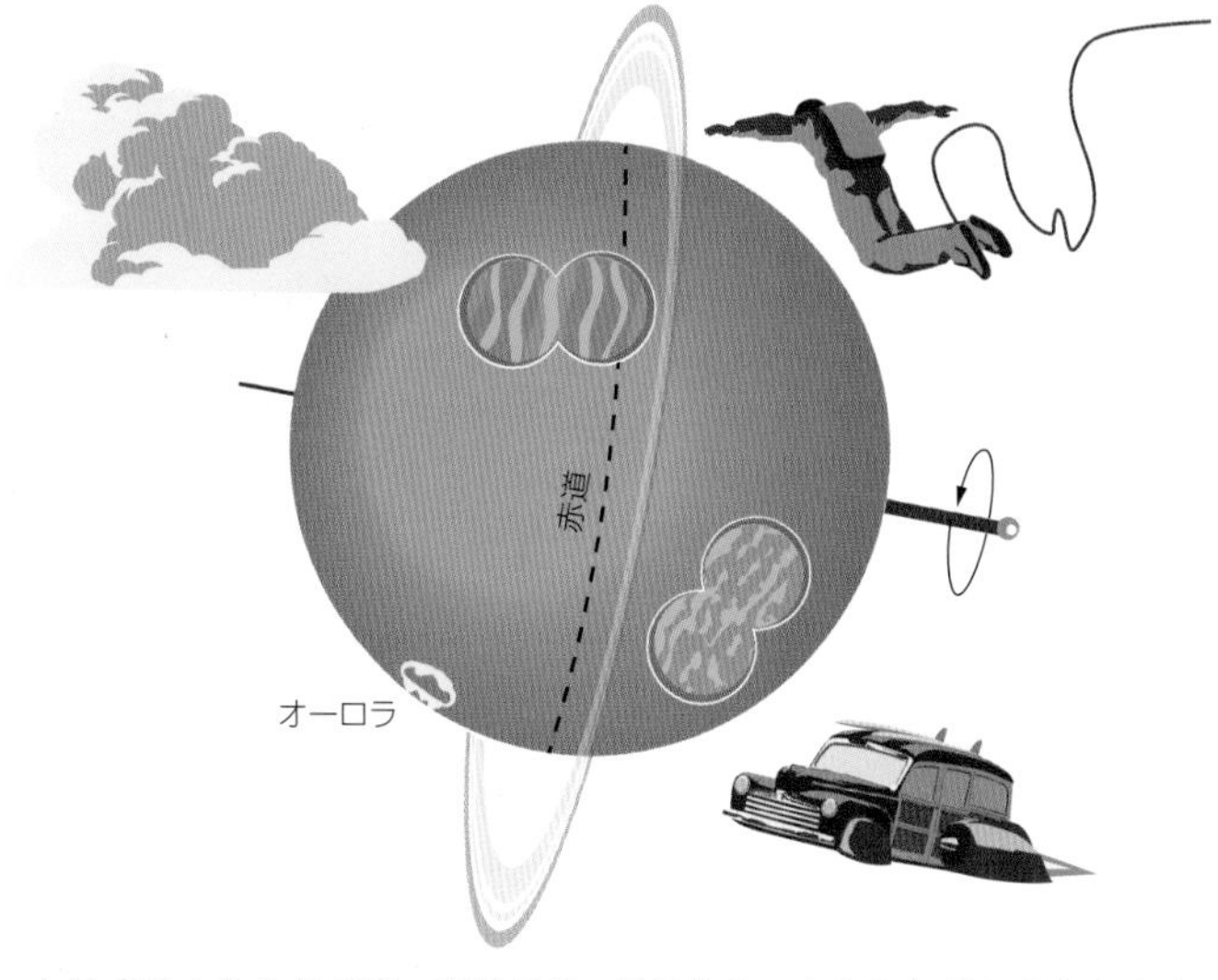

うっとりするようなこの青い天体には、見るもの、することがたくさんある。

◎乱流の北極

赤道付近のくらくらするような波を満喫したら、嵐の頻発する場所を突き進み、渦を巻く北極へと向かいましょう。木星や土星の北極と同じように、この地域は巨大な雲のところどころに〝通気孔〟のある渦だらけで、それは美しいまだら模様がご覧になれます（ひょっとすると渦は船を激しく揺らすかもしれませんが）。どこの惑星にいてもそうですが、天気予報はつねにチェックしておいてください。何年も続いていた嵐が突然消え去ることもあれば、急に新たな嵐が現れることもあります。

◎環

天王星には13本の環があり、それぞれ砂粒から小さなソファーくらいの大きさの物

出　典：NASA/ESA/M. SHOWALTER (SETI INSTITUTE)

質で構成されています。どの環もうっすらとしか見えず、炭よりも暗い色をしています。ここでの人気のアクティビティは、岩といっしょに漂うことです。長い時間まわりつづけてきた彼らの軌道をほんの少しのあいだ共有させてもらい、音のない寂寞《せきばく》をかみしめながら眼下のメタンの靄を堪能しましょう。これであなたも環の一員です。

◎ダイヤモンドの湖

宝石が氷山のように浮かぶ、液体ダイヤモンドの湖。そんな魅惑的なものがこの世に存在するのでしょうか？　もちろん、あります。魔法のようなその湖は、多くのガス惑星の内部深くに存在すると考えられています。しかし、そうした湖の豪華な誘惑に惑わされてはいけません。そこに行くなどそもそも無謀な試みであり、たどり着く前にとてつもない圧力と高温で確実に命を落とすことになります。

アクティビティ

◎「空のヴェネツィア」周遊

雲のなかで眠りたいとずっと夢見ていた？　それなら天王星の浮遊飛行船がきっとその夢をかなえてくれます。この飛行船はヴェネツィア運河の精神を受け継いでおり、「気球ゴンドラ」で航行できる奇跡の都市建築に連結されているものです。宙に浮かぶこうした都市は、天王星の1日に1度、風に乗って漂い、北極の夏至から南極の冬至へと移動しながらわずかばかりの陽の光を追いかけます。巡航高度の気圧は地球の海面気圧とほぼ同じです。地球のような自然の重力が恋しい——今そうおっしゃいましたか？　それなら朗報です。天王星のメタンの雲に囲まれて感じるのは、まさにその重力に近い感覚なのです。

とはいえ、すべてが地球を彷彿とさせるわけではありません。同類である土星や木星と同じように、天王星の上層には水素にヘリウムとメタンが混じった冷たいガス層があります。この大気ガスが赤色光をすべて吸収することで、天王星をあの象徴的な青い色に見せています。そして下層部には、水とアンモニアとメタンが混じり合った流動性のある氷の層が広がっています。

水素と酸素は混ざると爆発する性質があるため、水素でいっぱいの大気は安全上のリスクがありますが、その一方で、天王星の大気を出て衛星に立ち寄るための燃料源にもなってくれます。

この高所都市の楽しみ方はさまざまです。ちょっとおしゃれをして、どこか有名な広場《ピアッツァ》沿いをロマンチックに散歩しながら、天王星のうっとりするような青い眺望を眼下に望むのもすてきです。夕方のそぞろ歩きにわざわざ与圧服を持参する必要はありません。防寒スーツと呼吸用のパックを無造作に手にしたら、あとは景色を楽しみましょう。雲のなかが稲光がするのを待つことしばし——やがて太陽に照らされた極付近に紫外線エネルギーの生み出す「エレクトログロー」が見えてきます。その刺激的なオーロラを堪能してください。

◎ヘリオクス・クラブでリラックス

ヘリウムがふんだんにある天王星では、空中都市のナイトライフはいつも活気に満ちています。ここ「ヘリオクス（ヘリウムと酸素の混合物）・クラブ」では、地球の酸素バーのように、さまざまなフレーバー付きのヘリオクスのなかからお好みのものをお選びいただけます。おかしな声でひと晩笑って過ごせば、今日のバルーンツアーの疲れを肩肘張らずにリセットできるでしょう。夜ごと甲高い歌声が響くカラオケ大会はすぐに満員御礼。皆さま入店はお急ぎください。なお、ほとんどのクラブでヘリウム抜きのオプションもご用意しています。

◎飛行船ツアー

天王星の大気の靄《もや》に包まれた謎に分け入りたい？　それなら可導気球《ディリジャブル》のツアーで淡いブルーの靄に浸《ひた》るのがおすすめです。特別に設計されたこの乗り物は、潜水艦と熱気球を足して2で割ったようなもので、天王星の奇妙な大気を航行するのにぴったりです。ほとんどの空中都市の港はこの飛行船で埋めつくされており、ツアーガイドがあなたの指名を奪い合うことになるでしょう。日帰り旅行では個人乗りのカプセルで内側の大気層を渡ることもできますし、空を間近に見る団体ツアーに参加するのも楽しいものです。

静かでいつも変わらない青い天体は、しかし大気の層を下りていくと、驚きの細部を見せてくれます。最初にあなたを取り巻くのはおそらく青い「空」です。その青い色は、地球の空を青く見せているのと同じ光の散乱と、メタンが赤色光を吸収することによるもの。地球で生まれ育った私たちは、靄の下にはしっかりとした地面があるはずだとどうしても思ってしまうものです。しかし、頭上から射す薄明かりのなか、放出物の厚い層を少しずつ突き破って下りていくと、固体の地表面がないことに改めて気がつくのです。果てしなく続く流動的な青い靄の海はいつしかメタンの白い雲の層になっています。どこかで稲光がすると、奇妙に変化した天王星の雷鳴が聞こえてきます（温度と気圧で音の高さが変わってしまうからです）。メタンの白雲を抜け、さらにいくつかの層を通りすぎ、黄色いアンモニアの雲を抜けると、赤みを帯びた硫化水素アンモニウムの雲に突入します。臭いが心配？　ご安心ください。与圧カプセルが腐った卵の不快な臭いからあなたの鼻を守ってくれます（と願いたい）。悪臭を放つ雲の下には見慣れた水の氷の雲。そして眼下には——さらに深く、暗く、厚い、暗黒の海……。

実際には船のほうが先に崩壊してしまうのでたどり着くことはできませんが、加圧された水とアンモニアとメタンの海は、一面の液体金属に取って代わられます。一見、水銀のようですが、水素でできています。さらにその下にあるのは地球の核の10倍に相当する溶融岩。たとえ乗っているカプセルが天王星深部の極度の圧力と温度に耐えられたとしても、ここで引き返さなければなりません。さもないと高重力に永遠につかまってしまう恐れがあります。

◎深淵へのジャンプ

空中都市にいくつもあるアドベンチャーステーションから、ハーネスを装着して深淵にジャンプしてみましょう。通常、料金は前払いを求められます。虚空へ頭から飛び込むのがどういうことかを理解していても実際には気が変わる人が多いからなのでしょう。ジャンプ台を数歩前に進むのは、船の舷側から海に突き出た板の上を目隠しで歩かされるのと似ていなくもありません。ですが、ここでは凍えるような海に押し出されるのではなく、ガス状の靄のベールへと落ちていくことになります。ツアー仲間はあなたが本当に飛び降りるのを今か今かとひやひやしながら見ています。そしてついにジャンプ！　そのとき時間は止まり、あとはあなたと空の神だけの世界で

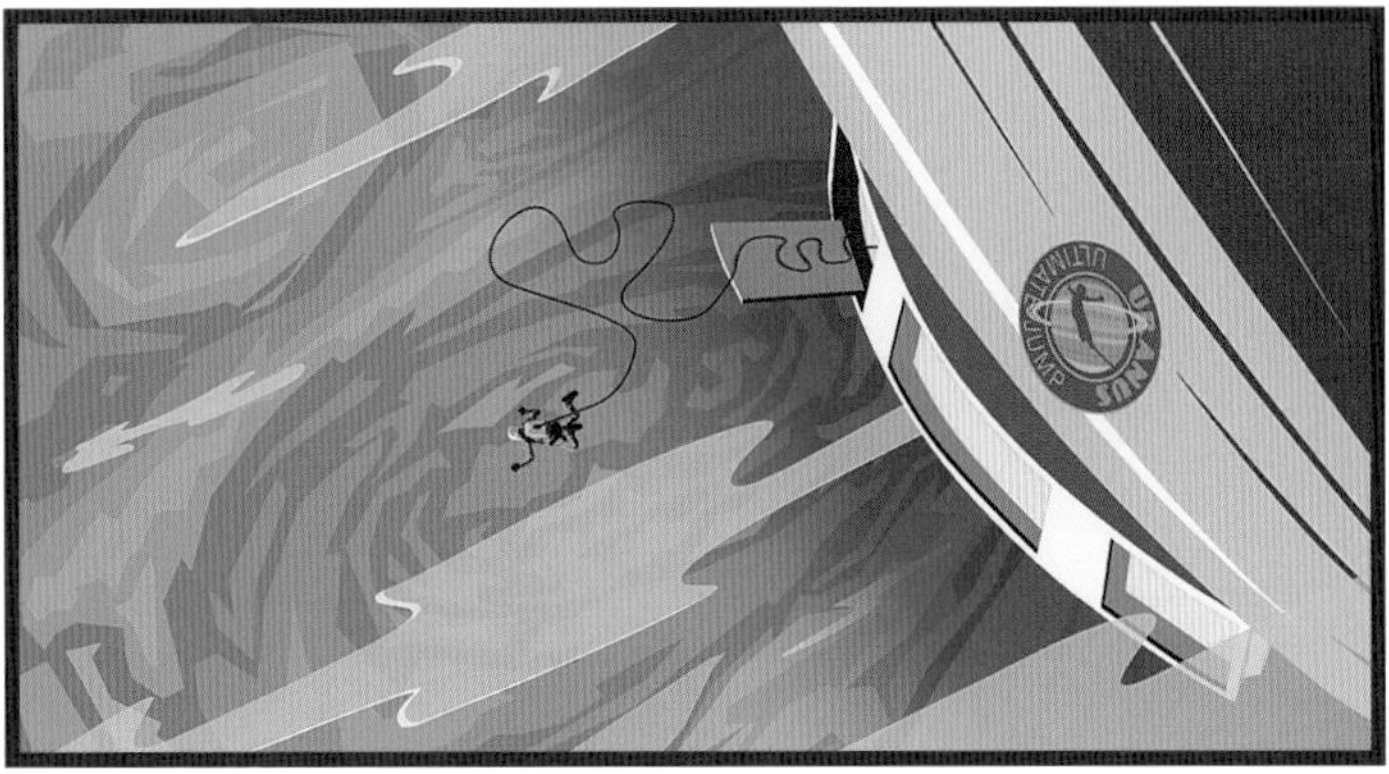

す。

ちょっとよりみち

天王星には衛星が27個もあり、ウィリアム・シェイクスピアとアレグザンダー・ポープのファンが間違いなくよろこびそうな名前がついています。どれも独自の魅力を持った衛星で、たとえば最小のものは直径わずか145キロしかありません。週末の旅行先を探しているのか、あるいは何か月もかけて衛星めぐりを楽しみたいのかはともかく、どんな好みにもそれぞれ合った衛星が見つかるはずです。

天王星の衛星は、太陽系でもとりわけ熱心なスポーツファンが集う場所です。アイススケート。ホッケー。テニス。バレーボール。ゴルフ。ロッククライミング。すべてたっぷりお楽しみいただけます。ワールドクラスならぬ衛星クラスの施設が必ず見つかるのでご期待あれ。

コーデリアかオフィーリアかマブといった、内側の衛星への週末旅行はいかがでしょうか。天王星の環を最前列級の眺めで堪能でき、少しばかり刺激的な危険も味わえます。噂では、この1億年以内に、デズデモーナという衛星がクレシダあるいはジュリエットと衝突することになっているようです。

◎ティタニア

妖精の女王ティタニアは、天王星の衛星のなかでもまさに「女王」。なにしろ周囲1億6000万キロの空間のなかでサイズも質量も最大であり、太陽系で8番目に大きな衛星の座についているのです。

クレーターででこぼこのこの衛星の人気観光スポットは「メッシーナ谷（メスシナ・カスマ）」です。1500キロの長さはグランドキャニオンの3倍、幅にいたっては何倍も広い巨大な谷です。1日がかりで谷の縁をローヴァーで探索したら、夜には無数にある氷の穴（アイスホール）のどこかでくつろぎましょう（家族もカップルも満足のいく場所です）。元気づけのサウナを楽しんだあとは炭酸ガスのアイスバスに直行。そして寝る前には『夏の夜の夢』のお気に入りの一節を読んで、自分という卑しい旅人が、妖精の女王の庇護のもとで眠る不思議について考えるといたしましょう。

少しスリルが欲しい？　そんなあなたは本当はティタニアのぞっとするほど高い崖からダイブしたいのではないでしょうか。聞くところによれば地表面から4キロもそびえ立つ崖があるそうです。平均的な体重の人が4〜5キロにもならない低重力下でバンジージャンプをするとどうなるのでしょうか。忘れられないジャンプになることは間違いなさそうです。ベテランのジャンパーはティタニアの表面はふわふわだと言いますが、ロープがしっかり安全であることを必ず確認してください。低重力とはいえ、それほど高い場所から落ちれば怪我をするには十分なスピードが出ます。ティタニアで4キロの距離を落ちると、時速約190キロで地面に衝突することになるそうです。

そうそう、北端の、この衛星でクレーターが最もはっきりと見える場所に行くのもお忘れなく。ハムレットの母親にちなんで名づけられた「ガートルード」の直径は約300キロ。そのそばの「ウルスラ」は約半分の大きさで、西の「カルプルニア」のなかには奇妙な楕円形の丘があります。さて、名前の傾向に気がつかれましたか? どれもシェイクスピアの戯曲に登場する女性です。この命名法は、天王星の発見者の息子であり、最初は天王星の衛星の名付け親であったジョン・ハーシェルのアイデアから始まっています。

◎**オベロン**

シェイクスピアの登場人物に由来するクレーターに興味がおありなら、オベロンに飛んでいきましょう。ティタニアの夫で妖精の王オベロンの名がついたこの衛星はクレーターだらけです。古い峡谷が目を引きますし、クレーターの多さが際立っていることから、過去にかなりの地質活動があったことがうかがえます。ここのクレーターは底が浅いのが特徴です。大きさではかの有名な「ハムレット」が最大クラスのひとつで、直径は200キロほどあります。「オセロ」の姿も見えますが――クレーターのほうのオセロです――直径は90キロほど。オベロン最大の峡谷は「モッムルル谷（モンムル・カスマ）」で、ティタニアのメッシーナ谷より短いですが、深さは3倍もあります。

登山家の方は、南東部にあるまだ名前のない、地球のエベレストより2キロほど高い峰にアタックしたくなるのではないでしょうか。あなたが初めての登頂者になれるかもしれません。それに命名権を主張できるかも。

付近の多くの衛星と同じように、オベロンには表面に大量の水の氷があり（ただしドライアイスはありません）、温度は夏がマイナス185度、冬は凍てつくマイナス240度、といったところです。

◎ミランダ

奇妙なものをご所望？　それならミランダをご紹介しましょう。穴だらけのミランダは、言ってみれば灰色のハンプティ・ダンプティ［英国の童謡「マザー・グース」のひとつで、その登場人物の名前でもある。一般に「ずんぐりむっくりの人」や「危うい状況」の比喩としてよく使われる］。遠い昔にばらばらに吹き飛ばされ、その後再びつなぎ合わされたと思われます。太陽系で最も謎めい

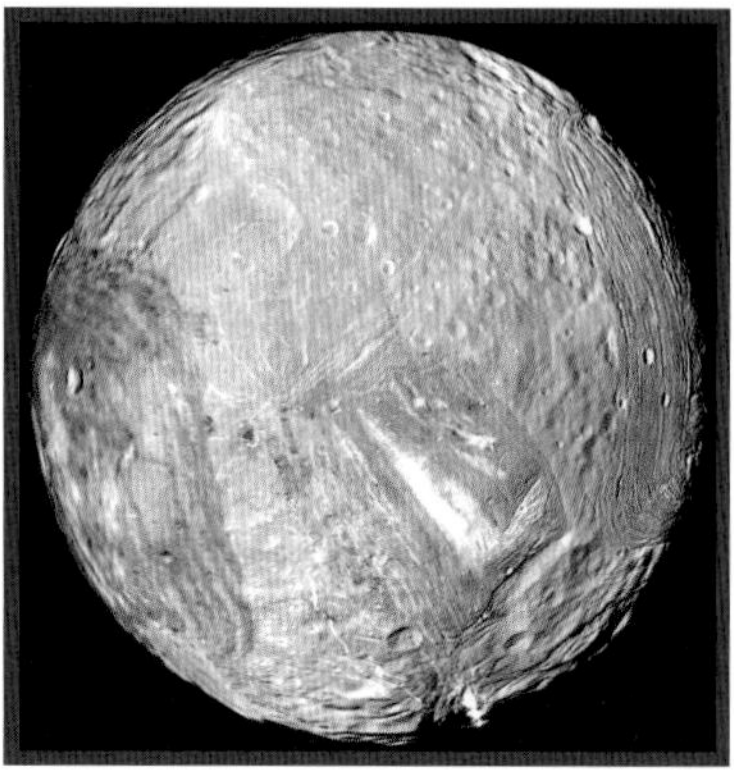

「ハンプティ・ダンプティ」と呼ばれることもある衛星ミランダは、いびつな地貌をしていて、過去に粉々にされたことがあるように見える。
出典：NASA/JPL-CALTECH

た衛星であり、さまざまな地形がひしめき合ったその複雑な表面については、相当に熱心な研究者でもなかなか説明をつけられずにいます。ご覧ください。断崖、断層、尾根、クレーター、急斜面、峡谷……。短い峡谷もあれば長い峡谷もあり、崖の高さがエベレストを超える峡谷もあります。

氷の上昇によって形成されたV字形の地形、「インヴァネス・コロナ」は、ミランダの最大の特徴です。このほか「エルシノア」と「アーデン」のコロナもよく知られています。ミランダの重力は地球の重力の1パーセントもないため、100倍も高くジャンプできます。命知らずの方は「ヴェローナ断崖」からバンジージャンプをしてはどうでしょう。高さ19キロを超える崖は——なんと太陽系で一番！

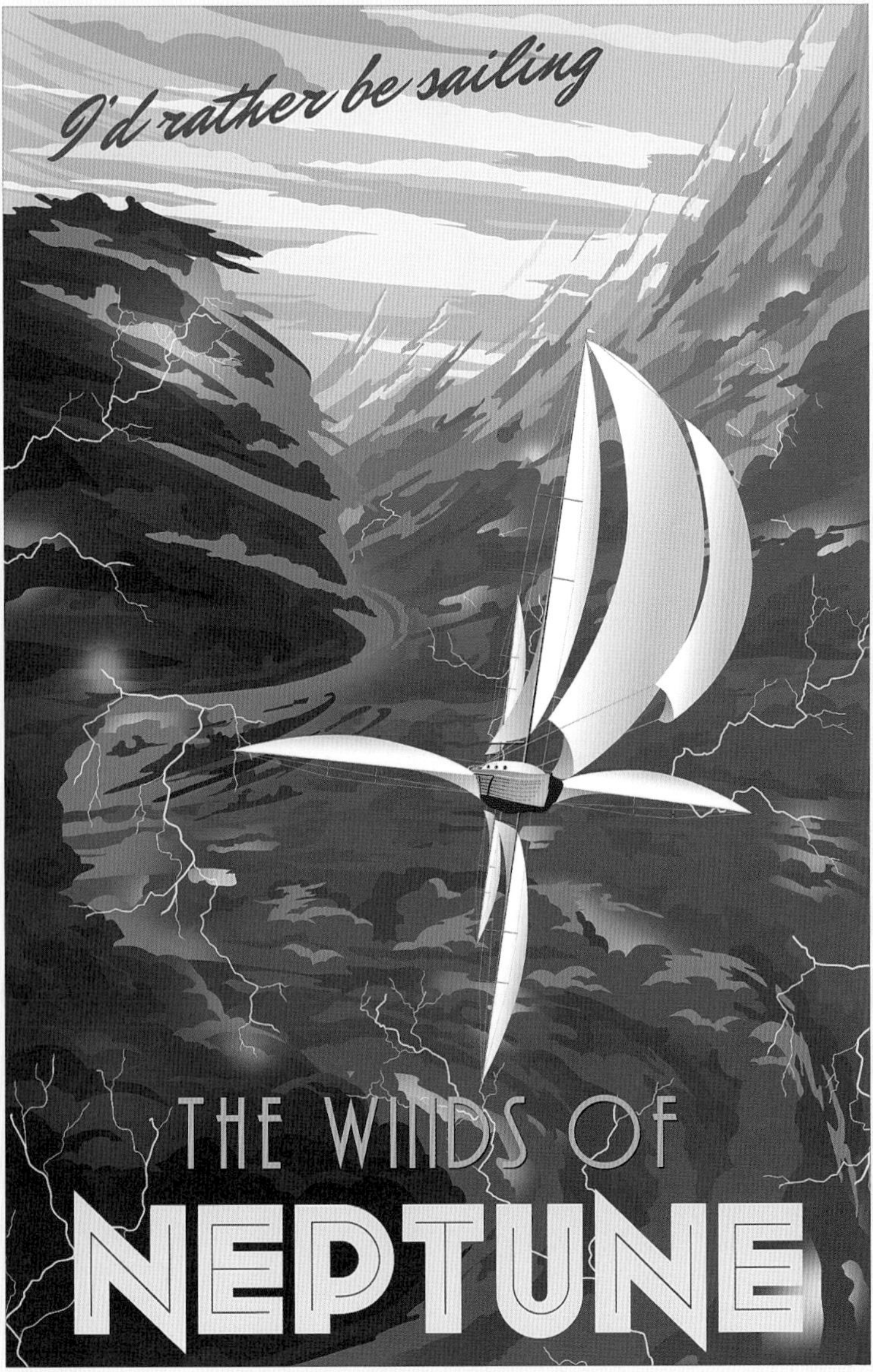

海王星の風にはいっそ船を走らせてみたい

海王星

NEPTUNE

海王星は果てしない青の惑星です。太陽から45億キロ離れたこの氷の巨大惑星は、深い孤独とおだやかな暗闇に惹かれる人の心をとらえます。そこは、観光客の集団に煩わされることのない、ひっそりとした場所です。その一方で、海王星では逆巻くガスの輝く青い海が真っ暗な闇を引き裂いています。そんな海王星のドラマチックな雲景に、あなたもきっと魅せられることでしょう。海王星は天王星と比べると、わずかに小さく、密度は大きく、風が強く、青みが深い。そして重力は土星と同じくらいです。不思議な磁場が存在し、14個の衛星、数本のかすかな環があります。靄《もや》のかかった大気のなかを航行しているとき、あるいは近くの衛星から見渡すかぎりの青をうっとり眺めているとき、太陽系屈指の壮麗で謎めいた惑星になぜもっと早く来なかったのかと、あなたは思わずにはいられないでしょう。

宙に浮かんだ青く静穏《せいおん》な天体はいかにも無害そうに見えますが、色に惑わされてぼうっとして

早わかり

直径——地球の3.88倍

質量——地球の17倍

色——天王星よりさらに青い

公転速度——時速約1万9000キロ

重力——68キロの人の体重が77キロになる

大気の成分——濃い。水素80パーセント、ヘリウム19パーセント、メタン1.5パーセント、微量の水とアンモニア

素材——ガス

環——あり

衛星——14

気圧1バール（表面）の温度——マイナス200℃

1日の長さ——16時間6分

1年の長さ——地球の164.8年

太陽からの平均距離——44億9000万キロ

地球からの距離——43億キロから47億キロ

到着までの所要時間——フライバイに地球の8.7年

地球にテキストメッセージが届く時間——241分から258分

季節変化——周期が長い

天気——くもり

日照量——地球の900分の1

特徴的な点——太陽系最遠の惑星

セールスポイント——ブルーな気分になれる

いてはいけません。木星や土星や天王星と同じように、海王星は危険な嵐の吹き荒れる惑星であり、太陽系で最も速い風の吹く場所なのです。あなたはその爽快な風を渡りながら、何日も、何週間も、何か月も過ごすことになるかもしれません。

天気と気候

海王星は太陽系最遠の惑星として予想されるとおり、冷たく、風の強い星です。太陽から45億キロも離れているので、マイナス200度というのも驚くことではありません。この巨大氷惑星にはガス状の水素とヘリウムとメタンが渦巻いています。冷たい星にもかかわらず、海王星には熱い心臓部《ハート》があります。強い風と嵐は、過熱状態の中心部と極寒の外側との温度差によって引き起こされているのです。

海王星では通常、高層にあるエタンとシアン化水素（アーモンド臭で知られる）とメタンから成る厚く、ゆっくりと流れる靄のなかを航行しなければなりません。大気のなかを下りていくと温度が急激に下がり、ガス状の靄はアンモニアの氷と水の雲に変わります。この雲はときおり帯状の筋となって、その下の底知れぬ青に影を落とします。

ほかのガス惑星と同様、海王星のように地面がなく、なんとも心もとない空で自分の位置を確認するには、地球の海水面と同じ気圧になる高度を基準とするのが便利です。その基準点より下に下りていくと、靄と雲は氷の「海」へと移行します。といっても、それは地球の海とはまるで違うものです。こちらの海は液体層ではなく、非結合の酸素、窒素、炭素、水素、さらに固体とも気体とも液体ともつかない状態のアンモニアとメタンの化合物で混成されたものなのです。さらに深くまで行けば、気圧は地球の表面気圧の10万倍へと急上昇します。そして高温のマントルに達するほど深く進むと、ついに岩と氷の硬いボールのような小さなコアにたどり着きます。

海王星の季節の移り変わりは、太陽をまわるほかのどの惑星よりもゆっくりとしています。１年は地球の１６５年弱。つまり1度の春が人の一生の半分続くことになります。自転軸の傾きは28度。季節の変化は、日照量の多い地域で雲が明るくなるようすで見て取れます。風は1年じゅう強く吹き、風速は超音速に迫るほどです。

北や南に移動すると1日の長さが変わるのはすべてのガス惑星の特徴であり、海王星でもその変化が際立っています。1日の長さは公式には16・11時間ですが、これは実際には緯度の異なるすべてのガスが自転軸を中心に1周する時間の平均にすぎません。両極ではわずか12時間で自転する一方、赤道部分の自転には18時間近くかかります。中央の厚いガスの縞は南緯50度から北緯45度にかけて赤道に沿って走り、時速１５００キロ近くで東に動いています。長めの１日がお望みなら、このへんでぶらぶらしてはどうでしょうか。

強力でしかも絶えず吹いている風の内部では、嵐が突如暗斑《あんはん》として出現し、海王星の静かなガスを乱すことがあります。こうした嵐は巨大な渦の形をとり、まばゆい雲と接しています。また海王星の嵐は同じ場所に居すわりつづける木星の嵐（大赤斑）とは違って、もっと頻繁に形成されたり消散したりしています。

出発のタイミング

地球から遠く離れていることや、極端に寒くて風が強いことを考えれば、海王星に出かけるのに特によい時期というものはありません（ただし悪い時期もない）。たとえばあるスポットの夏の時期を狙って出かけるにしても、その夏は40年間続くわけですからいつ出かけても変わりません。もちろん、夏の盛りであろうと命にかかわるような極寒の温度は避けようがないのですが。

一般的には季節はたいした問題にはなりませんが、「嵐好き」を自認される方は季節の変わり目に到着することを好まれるようです。ちなみにこの星の北半球の次の春分は２０４４年の予定です。

アクセス

太陽系で最後に発見された正式な惑星（冥王星、申し訳ない！）である海王星は、行くのに最もお金のかかる惑星のひとつです。遠く離れているうえに、太陽のまわりを時速わずか1万

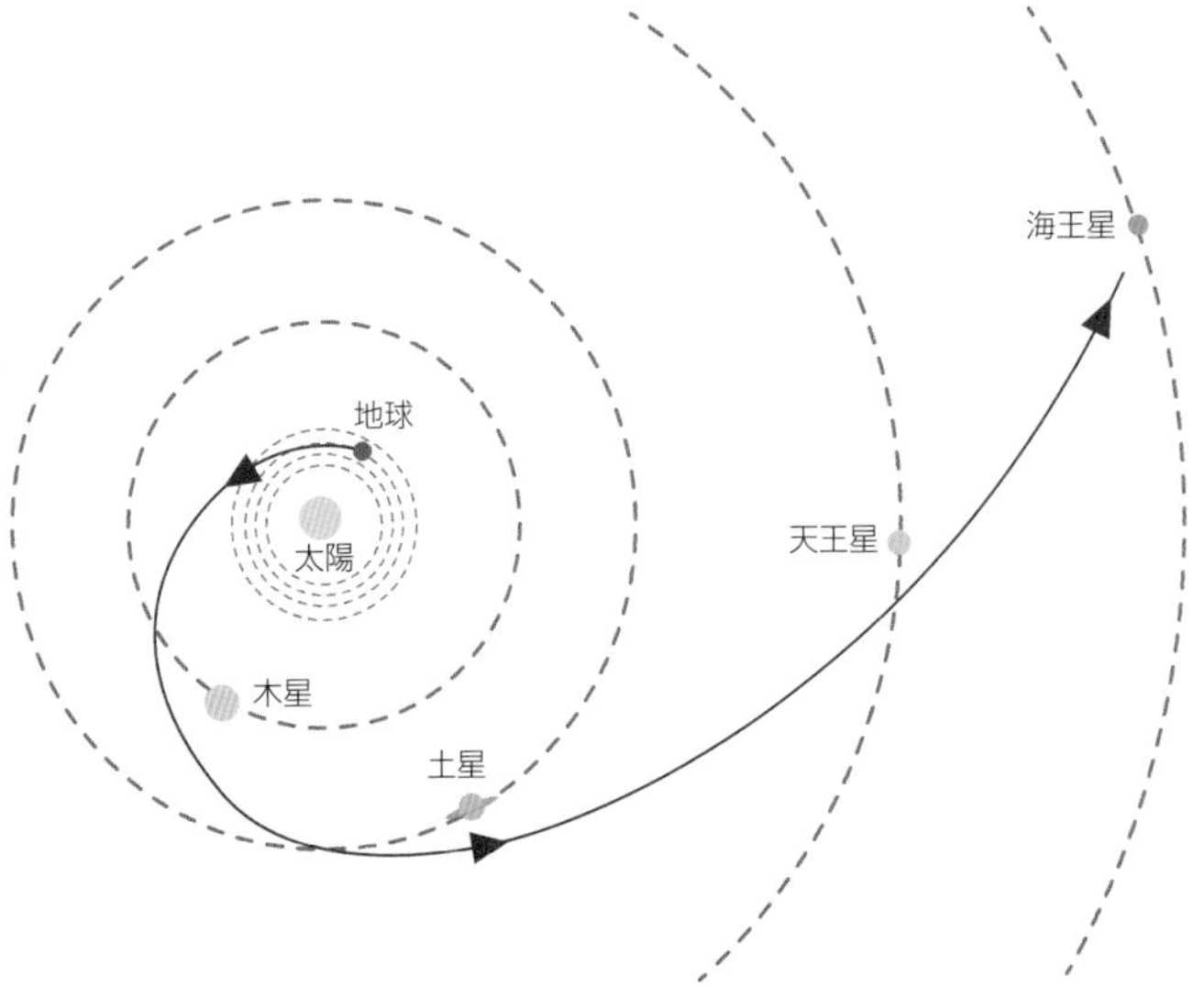

太陽系最後の惑星に行くには少し時間がかかるが、待つだけの価値はある。

9000キロほどでとぼとぼとまわっているため（地球は時速約10万7000キロ）、減速してもっと近くで見たいと思うだけでも大量の燃料を積み込まなければなりません。

約43億キロの旅の燃料を節約するには、木星の重力アシストを利用しましょう。この旅でいちばんドラマチックで印象的なひとこまは、惑星が通りすぎていくときにその重力で放り出してもらうこのスリングショット（パチンコ）の過程です。このとき数か月にわたって、重力の補助者である木星の華やかな眺めを楽しむことができます。

重力アシストはほかの惑星からも受けることができます。ただし、2020年から2070年のあいだでそうした惑星からの後押しを受けられるチャンスは二十数回しかありません。どの便を予約するか、すぱっと決断してしまいましょう。平均飛行時間は10年近く、往復パック旅行なら最低拘束期間は20年です。行くと決めたならすぐにでも計画を立ててください。なお、最新の――そしてかなり実験的な――イオン駆動技術を使えば、わずか2年で行ける可能性もあるかもしれません。

到着！

海王星に近づくと、ワインのような暗色の嵐が澄んだ青い輝きを分断していることに気づかれるでしょう。まず最初は、軌道を出てその嵐を間近で見ることをおすすめします。海王星の大気内では地球にいるときよりもわずかに体重が重くなりますが、微小重力のなかでずっと旅をしてきたあなたにとってはおそらく気づかない程度の差です（やっと地球に近い重力に戻れたとよろこぶ人もいれば、圧迫感を覚える人もいます）。また、それが飛行機からなのか飛行船からなのかはともかく、海王星の空をじっくり見ているときはかなりの乱気流になることを覚悟しておいてください。太陽系一強い風、ということをお忘れなく。

おそらくメタンにはすぐ親近感がわいてくると思います。この気体は青い光を散乱させ、海王星にあの深い青の色をあたえてくれています。海王星の大気の1・5パーセントはこの有害ガスです。もし大量のメタンが宇宙服や居住環境内に入り込めば、火が出る危険があります。しかし外側は燃えません。海王星の大気には炎を燃え上がらせるほどの酸素がないからです。

移動する

散策には海王星の記録破りの速い風にも耐えられる頑丈な飛行船が必要になります。なにしろ赤道付近では風速500メートルを超えることもあるのです。ものすごい風速ですが、大丈夫、自分も高速な船で移動すればどれだけスピードが出ているかは気にならないものです。自分が動いていることに気づくのは、風が変わったときです。大気の高層では風の速度が落ちます。一方、高度を下げたり極方向に向かったりすると風の速度が増します。天王星と同じように、海王星にも太いジェット気流が存在します。このうち赤道をまたぐジェット気流は西に向かって吹いています。

海王星の大気中のヘリウムの割合は19パーセント。太陽系のほかのどの惑星よりも多く、残りの成分のほとんどはそのヘリウムよりもさらに軽いガス状の水素が占めています。つまり、海王星の重力も相まって、大気の密度はあまり高くないということになり、飛行船を浮かべておくのは至難のわざです。巨大飛行船を暖かい空気で満たすか、完全に空にする――つまり真空の飛行船にする――必要があります。

代案として、飛行機で移動するという方法もあります。酸素なしで動くエンジンさえあれば、飛行していられるはずです。

もし暗い深部を訪れるということでしたら、高圧に強いと定評のある丈夫な船が必要になります。ただし、地球の海面から1万メートルに相当する圧力を超えた奥へは行かないでください。それ以上潜ると船が不安定になります。せっかくの旅行なのに内部爆発を起こした船のなかで助けを待つなんて気分のよいものではないでしょうから。

海王星の環やアーク（環の断片）や衛星に向かうには、地球出発時より2倍強力なロケット船が必要になります。一番近くの衛星ナイアドとは2万３５００キロしか離れていないのですが、しかたありません。海王星最大の衛星トリトンまでは32万キロ。月と地球の距離より少しだけ近いことになります。

観光スポット

◎大暗斑

太陽系の暗斑といえば木星の大赤斑ばかりが人気を集めていますが、じつは海王星にも暗斑はたくさんあります。１９８９年の「大暗斑」は海王星の空を揺さぶるほど強力なもので、地球とほぼ同じ大きさにまでふくらみました。海王星との相対的な大きさで見れば、これは木星の大赤斑に匹敵するものでした。メタンの層に生じた直径1万３０００キロ近いダークブルーの空間が、

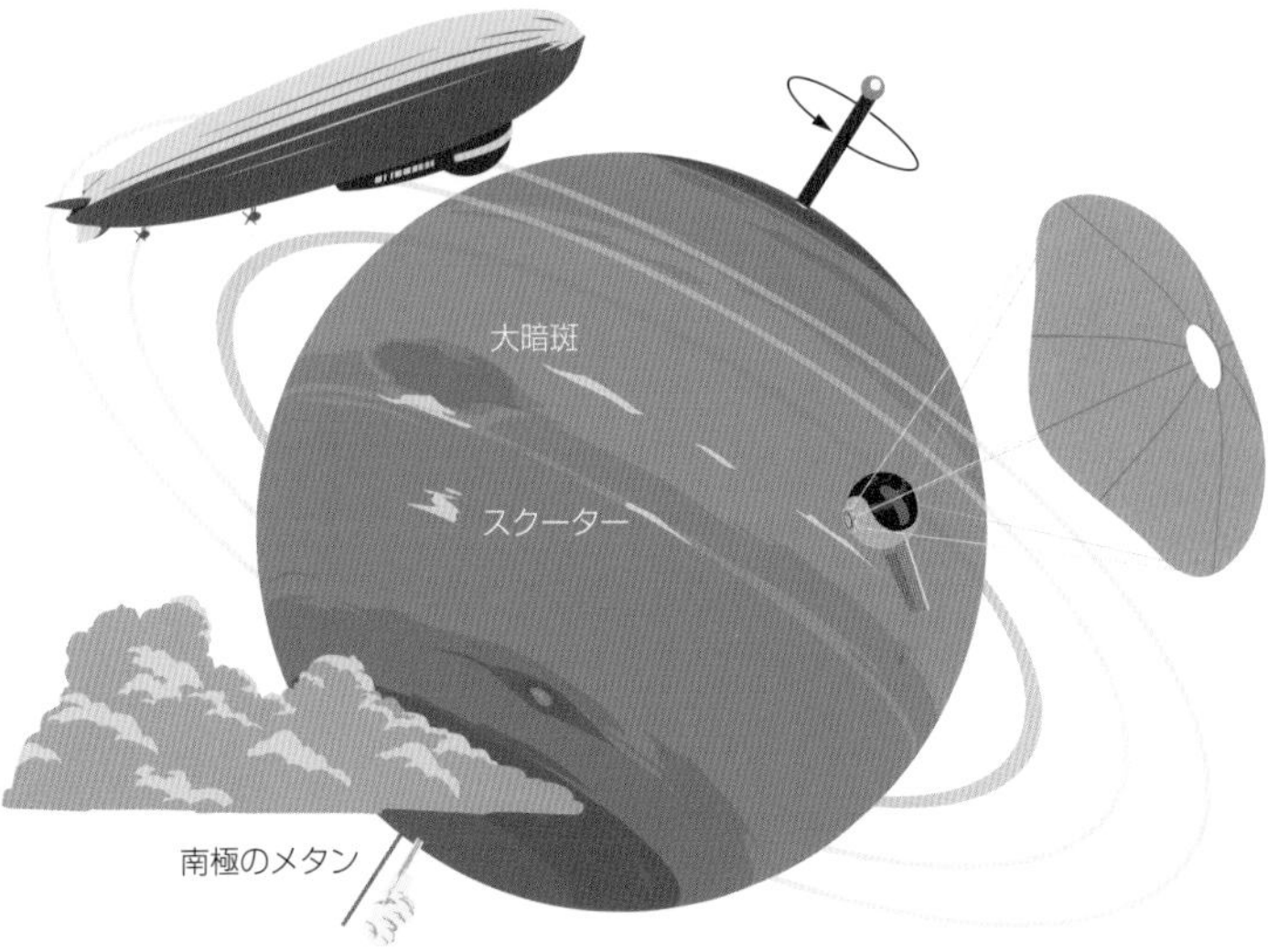

海王星の空色の雲と嵐と斑紋を探索しよう。

海王星のさらに深く暗い層への窓を開いたのです。ただし木星の大赤斑とは違い、海王星の空を数年にわたって揺るがしたこの大暗斑は、まるで呼吸する巨人のように、8日周期で縮んだり伸びたりと、予測可能なパターンで変形や伸縮を繰り返しました。太陽系広しといえどもほかでは見られたことのない現象です。この大気の渦は海王星の自転とは逆方向に回転しながら時速約１１０キロで西に向かって漂い、18時間で海王星を一周しました（木星の大赤斑は周囲の大気に対して時速わずか10キロ足らずです）。専門家によれば、大暗斑は直径では大赤斑におよばないものの、深さでは上まわっていた可能性があるそうです。大暗斑の縁には巻雲《けんうん》が忠実な友のように付き従っていました。

◎北の大暗斑

1989年の大暗斑はだいぶ前に消えていますが、運が良ければ別の大暗斑が見られるかもしれません。海王星では木星よりも頻繁に暗斑が現れては消え、とどまっているのは一度に数年程度です。それでも、地球では31日間続いたハリケーンが最長［1994年に発生したハリケーン・ジョン］であることを考えれば、驚くべき長さです。

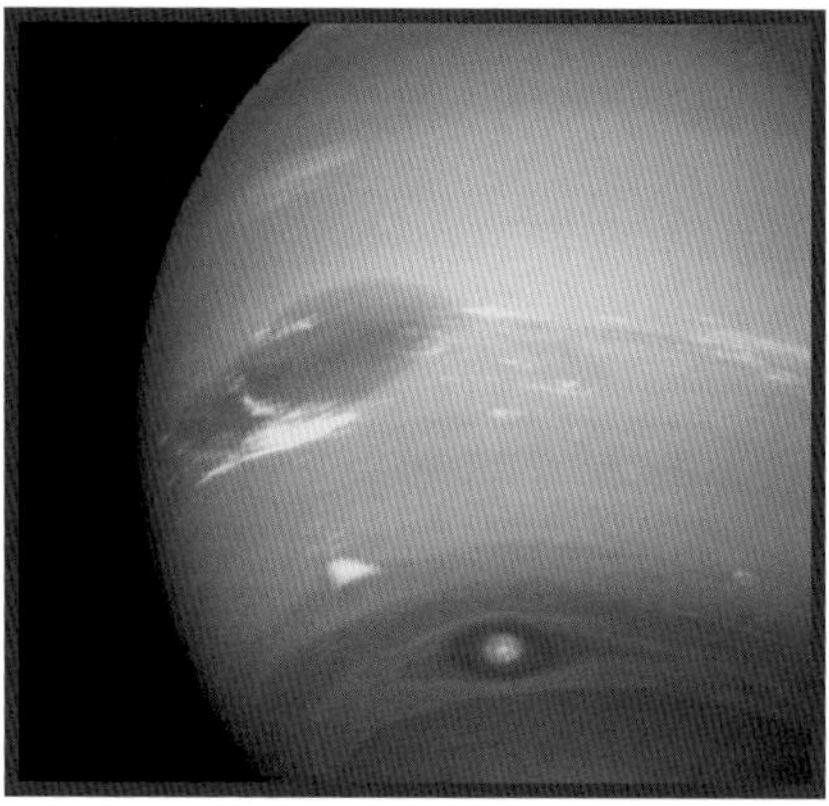

海王星の嵐は遠目にはおだやかそうに見えるかもしれないが、じつは太陽系屈指の猛威をふるう。
出典：VOYAGER 2 TEAM/NASA

先の大暗斑よりわずかに小さいものの、小さな明るい雲を従えた北の大暗斑は、米ニューメキシコ州ほどの広さを覆うものでした。1980年代に初期のロボット探査機が海王星の画像を地球に送ってきて以来、大きな暗斑は十数個ほど観測されています。つい最近も、アメリカほどの大きな暗斑が報告されました。ツアーの皆さまには、大気の上層に形成され、猛スピードで疾走している小さな白雲「スクーター」を探してみることをご提案します。

海王星の暗斑を目の前にすれば、思わずカメラに手を伸ばし、シャッターを切りまくらずにはいられなくなるでしょう。撮った嵐の写真に地球の誰かが「いいね！」をしてくれたかどうかは、8時間待たなければわかりませんけれど。

◎暖かな南極

海王星はサツマイモでも食べすぎたかのように南極からメタンを出しつづけています。南極はほかの地域より10度ほど温度が高く、そのため大気に浮遊している氷の結晶が気体となって漏れ出ているのです。この挙動は季節性のものです。約80年後、メタンの漏出《ろうしゅつ》は、北半球が夏になるとそのあいだ太陽を向いている北極で起きることになります。

◎謎めいた内部

海王星内部の超高圧の世界——そこに何があるのかについては諸説あります。ガス状の大気の下の海王星は、巨大な氷の惑星であると同時に、じつは内部に厖大な量の液体をかかえた惑星でもあります。名前の由来となったローマ神話の海の神ネプチューンの名にたがわず、そこには水とアンモニアの加圧された液体の海の層があると考えられています。

アクティビティ

◎海王星の環とアークを眺める

人間が海王星の青い光を浴びながらそのアークと環をつぶさに眺めているのを、環の名前の由来となった昔の天文学者――ガレ、ルヴェリエ、ラッセル、アラゴ、アダムス――たちが見たら何を思うだろうかとあれこれ想像をめぐらすのは楽しいものです。環は、水の氷とたくさんの塵を含んだ、暗く赤みを帯びた粒子で構成されています。そして環をその位置にとどめているのは、環よりも内側の軌道をまわる小さな羊飼い衛星群です。赤道の位置で海王星を取り巻く環はもう1本ありますが、名前はついていません。稀薄な環とならんで海王星を囲んでいるアーク――不完全な環――には、近くの衛星による重力の引き寄せが弱いために大きな隙間があります。

◎靄と雲を見てまわる

海王星の成層圏の澄んだ大気の下には、雲と、ゆっくりと動く厚い靄《もや》とがひしめく対流圏が見えます。海王星の大気に立ち込めるメタンの靄は完全に天然のものですが、不快なことにかけては地球のごみごみした都会を覆う厚いスモッグにも劣りません。

雲を愛する人なら、地球の雲とはまったく異なる海王星の雲に大よろこびとなるでしょう。海王星の雲は、一見すると地球で見られるうっすらとした上層の巻雲のように見えるかもしれませんが、危険なほどのスピードで移動しつづけるメタンの氷晶が密集してできたものです。凸レンズの形をした特徴的な雲が層状に重なり、それは見事な写真が撮れるでしょう。

メタンの雲は青い色をしているので見分けがつくはずです。薄くまだらなメタンの雲の層は、大気圧が1バールとなる高度——気圧が地球の海面気圧と等しくなるところ——のすぐ下にあります。その下にあるのは凝縮硫化水素とアンモニアの雲。そして約50バール（海で水深約490メートルまで潜るのに相当）になると、水を成分とする雲になります。

◎見つけにくいオーロラを探し出す

皆さまのなかには地球からコンパスを持参された方もいらっしゃるかと思います。大変けっこうです。ですが、いつも当てにできるとは思わないでください。海王星の磁場は強力ではありますが、地球の磁場とはまるで違います。磁場の生じている領域は表面近くにあり、私たちが普通に思い描く磁場よりも複雑な構造をしているのです。これは海王星の内部奥深くにある金属水素の影響だと考えられています。海王星の内部はほかの巨大惑星と似ていて超高圧となっています。水素は分子状態（水素ガス）ではなく金属状態でしか存在できません。すると金属化した水素では電子が自由に動きまわり、たとえば船の航行を邪魔することがあります。

海王星の磁気極は地理学的な極とは一致しません。磁気軸は自転軸に対して47度傾き、太陽の方角を指しています。くわえて、軸の中心が惑星の中心からずれているので磁場は予測のつきづらいものとなっています。ですから、もしコンパスをお持ちでも針は気まぐれにさまよい、まるで謎の三角海域バミューダ・トライアングルにいるような気分にさせられてしまいます。

こうしたおかしな磁場のおかげで、ただでさえ見つけにくい海王星のほの暗いピンクのオーロラを探すのは、なおさらスリリングな体験となります。磁場がゆがんだり曲がったりするために、オーロラもゆがんだり曲がったりします。予測できないコースをとってふらふらと動きまわるので、どこを見ればいいのかよくわからなくなってしまうでしょう。

◎雷に周波数を合わせる

ポータブルラジオを持参すれば、海王星自体に周波数を合わせることができます。というのは、海王星は6～12キロヘルツの超低周波域で電波を発しているのです。信号の強さは自転とともに変化し、そのため周波数の合わせやすさは時間によって異なります。

海王星の雷には地球の雷と同じくらいの電力があります。落雷の際には超低周波受信機を使って「ホイスラー」が聞けるかもしれません。ホイスラーは雷の放電後に発生する電磁ノイズで、高い音から低い音へと変化する口笛のような音です。海王星では1時間に100回ほど落雷があるので、練習すれば雷の音を受信できる可能性があります。

ちょっとよりみち

海王星には14個の衛星があります。といってもほとんどは岩石の断片であり、せいぜい直径数百キロほど。実際のところ、約半分は「ぎりぎり衛星と言える」程度のものです。捕獲物体や衛突破片と呼ばれるそうした小さな衛星は直径が数十キロほどしかなく、海王星から数千万キロも離れた軌道を何年も何十年もかけてようやく1周しています。私たちのツアーではこうした遠くの小さな岩についてはご案内しておりません。誰も行きたがらないというのが実状です。

というわけで、海王星からあまり離れず、規則衛星と呼ばれる内側の衛星を探索することにいたしましょう。そういう衛星なら海王星から数十万ないし数百万キロしか離れておらず、興味深い地形もいろいろあります。見晴らしのきく内側の衛星からなら、海王星のかすかな環もよく見えるでしょう。

◎トリトン

海王星最大の衛星トリトンは窒素とメタンと一酸化炭素の氷で覆われた冬のワンダーランドで、氷の上には窒素とメタンの新鮮できれいな雪がうっすらと積もっています。長い期間をかけて氷が積もり、クレーターや谷が埋まって平らになっているために、険しい丘や山、深い峡谷に悩まされる心配はありません。

トリトンは太陽系で7番目に大きな衛星で、直径は約2600キロ。木星のガリレオ衛星、土星のタイタン、地球の月よりは小型の星です。しかし母惑星の自転方向と逆向きに公転する大きな衛星は太陽系ではトリトンのみで、これはトリトンがもともとそこで生まれたのではなく、よそから侵入してきた天体であることを示しています。今ある衛星のほとんどは母惑星が形成されたのと同時に形成されましたが、トリトンのような衛星は、たまたまその惑星の近くに迷い込んできたために捕獲された天体だと思われます。おそらくトリトンは、どこかよそに向かう途中で海王星の重力に引き寄せられたのでしょう。

しかしやがては、トリトン自体が内側の小さな衛星を一掃することになると思われます。そして今から数億年後には、海王星の重力の影響でトリトン全体がばらばらになり、明るい環となって土星の有名な環をしのぐ輝きを見せるかもしれません［トリトンは海王星の自転と逆方向に動いているため公転にブレーキがかかり、潮汐作用によって自身が粉々に破壊されるため］。長くとどまっていればそんな光景が見られるのです！

しかしいま行くなら、トリトンが海王星のほとんどの衛星よりも明るく、寒いことがわかります（マイナス200度を下まわることもしばしば）。風はそうひどくありません。風速5メートルほどで西向きに吹くことが多く、風速冷却の心配は無用です。ふだんは雲がなく、靄が立ち込めています。足下では小さな氷の塊がザクザクと音を立て、汚れた水の氷の厚い層を覆っています。大気は稀薄で、99パーセントは窒素。そこに微量のメタンと一酸化炭素が含まれます。大気の層

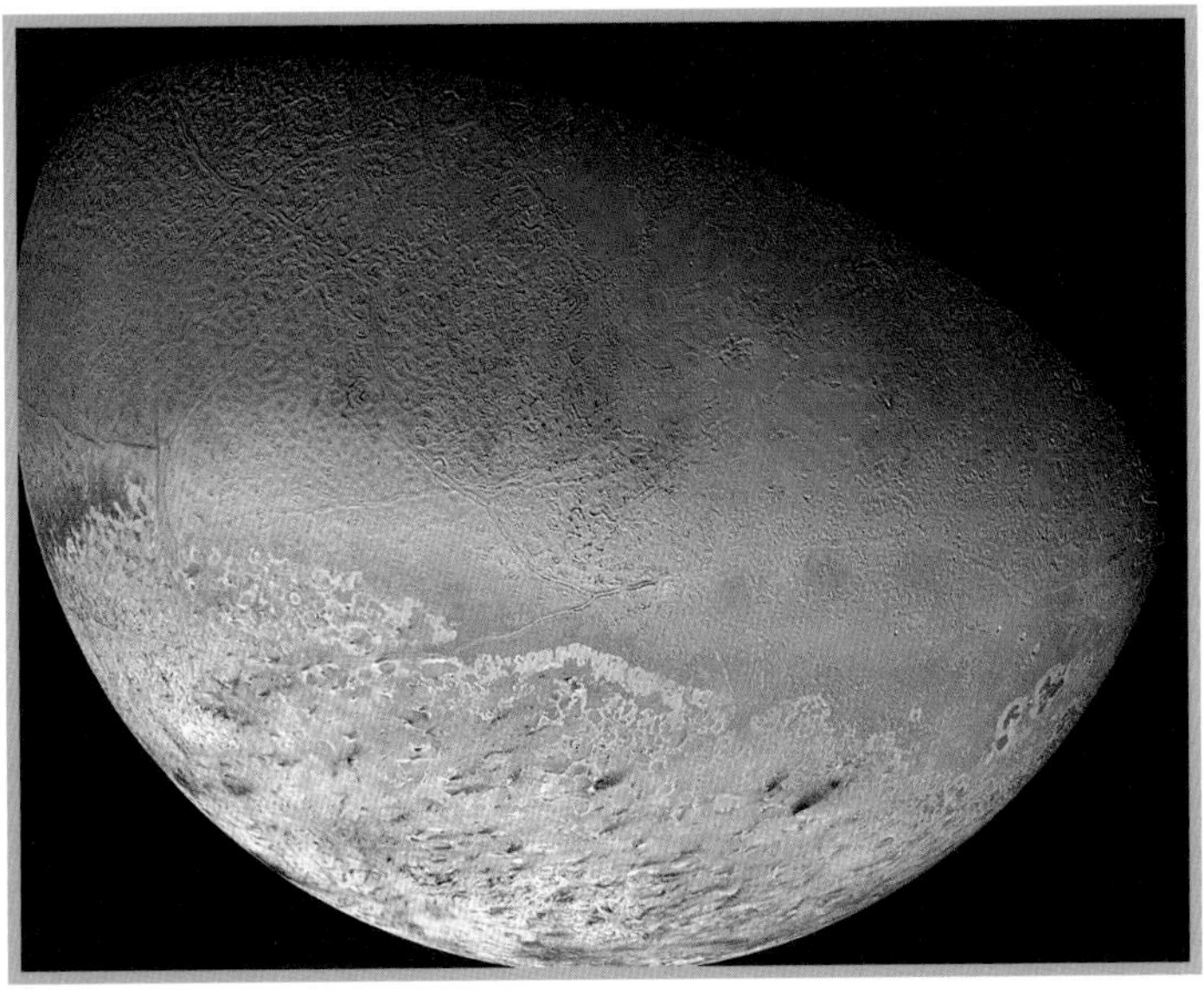

トリトンのカンタロープ地形　出典：NASA/JPL/USGS

のひとつである熱圏は、「大気光《たいきこう》」と呼ばれる不気味な光を発します。これは紫外線が海王星の磁気圏の荷電粒子と相互に作用し、それが上層の大気に作用して発生するものです。

大気は稀薄でも、流れ星を見ることは可能です。トリトンの表面からは明るく美しい流星が見え、運が良ければ地面にまで到達する星が見えるかもしれません。

トリトンには大気と自転軸の傾きがあるので、季節と天気が存在します。それらが母惑星のものと違うのは、傾斜角が違うからです。トリトンの季節もひとつひとつは長いのですが、海王星の季節とは著しく異なります。海王星の季節より極端なときもあれば、そうでないときもあります。トリトンでは、暑さ寒さは受け取り手しだいと言えるでしょう。ものすごく暑い夏でも、平均温度はマイナス233度程度とされていますから。

長旅で新鮮な果物が恋しい？　それなら「ブベムベ地域」に行ってみましょう。マスクメロンのような網目模様の「カンタロープ」地形が最もよく見える場所です。曲がりくねった地溝に沿ってカンタロープを見てまわるのもいいでしょう。エンケラドゥスの「タイガーストライプ（虎縞）」を思い出す方もいらっしゃるかもしれません。カンタロープでは幅16キロほどの溝が何百キロにもわたって続いています。車椅子用のスロープのようなゆるやかな坂もあります。南の「ボイン溝」と北の「スリドル溝」は特におすすめのスポットです。

ブベムベの東は「モナド地域」です。岩だらけのフォッサ、すなわち溝が見られ、水星に行ったことがある方は見覚えがあるような気がしてきませんか？「ジン」と「アクパラ」というマッシュルームのような不思議な黒斑を探してみましょう。「ルーア」と「トゥオネラ」の平原は高さ100〜200メートルほどの壁に囲まれています。穴がいくつかとクレーターがひとつふたつある以外は見事なまでに滑らかな場所です。この平原を歩くときはゴム長靴にしてください。シャーベット状の氷が表面まで染み出ているかもしれません。

南極近くの「ウーランガ地域」は、まるでピンクの帽子で覆われているようです。縁のほうが暗く赤いのは、おそらく紫外線とメタンとの相互作用によるものでしょう。メタンの氷の小さな結晶が太陽の入射光を散乱させているのです。この地域は永遠の真夏で、もう100年以上も日光が当たりつづけていますが、地球の夜より暗く見えます。

トリトン最大の見どころのひとつは、窒素の氷の間欠泉です。源泉は地下30メートルの液体窒素の層。トリトンは極寒の地ですが、地下は窒素を溶かすほどの高圧環境下にあります。地表の大気圧がなにかのかげんで通常の10分の1程度まで低下すると、地下の窒素は時速480キロ以上のスピードで噴出口を駆けのぼり、何キロもの高さにまで噴き上がります。ズールー族の水の精に由来する「ヒリ」と、トンガ族の海の精に由来する「マヒラニ」の間欠泉はぜひ見てください。南緯50度の位置に、少なくともあとふたつの活動中の間欠泉とともに寄り集まっています。南半球には100以上の暗斑が点在していますが、これらは間欠泉の跡で、直径が数メートルから数十メートルのものまであります。

◎ネレイド

ネレイドは海王星の衛星のなかでは3番目に大きく、不思議な軌道を持っています。偏った公転軌道のおかげで、海王星に約137万キロまで近づくときもあれば、970万キロほど離れるときもあります。球状をした氷の衛星で、360日で公転しています。

◎プロテウス

プロテウスは過去に別の天体との衝突で崩壊しかけました。直径約240キロの盆地がそのときの衝撃を物語っています。盆地のそばには直径約80キロの別のクレーターがあります。この星は丸くなく、衛星というより衝突破片と言ってもよいくらいです。南半球には「ファロス」と呼ばれる別の盆地があり、直径は約260キロ。縁が隆起し、約10キロ内側から平らな底面になっています。このふたつの盆地の直径がそれぞれ240キロ以上、プロテウス自体の直径はぎりぎり400キロを上まわる程度ですから、その陥没を残したものがなんだったのかはさておき、このいびつな衛星をまさに破壊するばかりの衝撃だったと考えられます。

冥王星に惚れなおそう！

冥王星 P PLUTO

かつて惑星として知られた天体、冥王星は、太陽系で最も愛され、そして論争の的となっている宇宙のリゾート地です。宇宙物体の序列においては名声を失ったものの、冥王星はいまなお、そしてこれからもずっと、ひっそりと孤立した場所を求める人から支持を得る評判の保養地であることに変わりはありません。1930年に天文学者クライド・トンボーによって発見されたこの氷の塊は、世代を超えて多くの人々の想像力を刺激してきました。名前の由来となったローマ神話の冥界の神「プルート」が「黄泉《よみ》の国（ヘル）」の代名詞であるなら、その黄泉の国は凍りついた世界だったようです。

普通の人なら、たとえ冥王星に行きたいと長いあいだ夢見ていたとしても、本当に行ったことはないはずです。なにしろはるか遠くの不気味なカイパーベルトにあって、地球からの距離が80億キロ近くになることもあるのですから。そう、月よりも小さなこの岩と氷の世界は、太陽系の

P 早わかり

直径——地球の0.2パーセント
質量——地球の0.2パーセント
色——ピーチ、グレイ、深い錆色
公転速度——時速約1万7000キロ
重力——68キロの人の体重が4.3キロになる
大気の成分——微量の窒素、メタン、一酸化炭素を含むごく稀薄な大気がかろうじて存在
素材——岩石70パーセント、氷30パーセント
環——なし
衛星——5
平均温度——マイナス223℃
1日の長さ——153時間
1年の長さ——地球の248年
太陽からの平均距離——59億キロ
地球からの距離——42億8000万キロから75億3000万キロ
到着までの所要時間——フライバイに地球の9.5年
地球にテキストメッセージが届く時間——238分から418分
季節変化——周期が長く激しい
天気——寒い
日照量——非常に薄暗く、地球の0.04パーセントから0.1パーセント
特徴的な点——ハート形のトンボー地域
セールスポイント——最高に孤独、真の凍結状態

果ての始まりを示す星なのです。しかしもし夢が実現したとしたら——その人は起伏の激しいピンク色の山や、暗い紺青《こんじょう》の空、そしてこの星の象徴である「トンボー地域」という魅力的なハート形の氷の大平原にきっと心を奪われることでしょう。冥王星の面《おもて》には、水の氷と窒素の氷河が1世紀にわたる季節を通してゆっくりとたゆたっています。この準惑星が太陽からとてつもなく離れていることを思えば、それは注目すべきことです。クレーターやくぼみのある地域、1600メートル級の山々は、ここを探索する人たちに豊かな時間を惜しみなく提供してくれるでしょう。重力の小さな——体重は月ではかる半分にも満たない——凍った原野を羽根のように滑ることができるでしょう。

天気と気候

冥王星は外部太陽系の水準から見ても、なお寒い天体です。春、夏、秋、冬と、温度は魂も凍るマイナス218度からマイナス240度のあいだをさまよっています。表面を覆う窒素の氷と水の氷からガスが立ちのぼることで、いっそう寒さが増します（汗が皮膚の温度を下げるのと同じ理屈です）。もしあなたの宇宙服の断熱性が十分に高くなければ、触れたものはすべて一瞬にして氷からガスへと変わるでしょう。いきなりの凍傷、それも足のつま先から地面に熱を奪われて凍傷を発症することが、現実の脅威として忍び寄ります。

冥王星の天気は、1日（地球の6日にあたる）のうちで大きく変わることはありません。氷の表面から発散される窒素とメタンと一酸化炭素から成る大気がきわめて稀薄だからです。大気圧は地球の10万分の1で、目を細めれば、暗い空を横切って伸びるかすかな明るい線状の大気が見えるかどうかといったところ。猛吹雪に襲われたり体に突風を感じたりすることはないものの、わずかにかかる低い雲なら見えるかもしれません。冥王星は太陽を1周するのに地球の248年もかかるため、たいていの人はひとつの季節しか知らずに生涯を終えます。軌道は引き延ばされた楕円を描き、遠日点では近日点より太陽から2倍近くも離れています。自転軸の傾きは120度。正式な惑星（天王星をのぞく）と比べるとほぼ逆さまと言ってよいでしょう。この大きな傾きのために、公転面の外側を向いた極付近は、ひとたび夜になると数百年間暗闇が続くことになります。冥王星が太陽から遠くにあるときに表面が陰になった場所では、薄い大気の大半が固く凍るために、桁外れの規模の霜が地面を覆います。それは太陽系で最も長く、寒く、暗い冬です。逆にもう一方の極は何百年ものあいだ太陽に照らされますが、残念ながら日光浴ができるほどの光は届きません。

あまりの寒さでほとんどの人は気づかないでしょうが、冥王星にも大気中に含まれる微量のメタンによってそれなりの温室効果があります。つねに不快なほど寒々しい冥王星では、けっして派手ではないこうした小さな違いも劇的に感じられるものです。

出発のタイミング

冥王星はかなりつぶれた楕円軌道をとるので、冥王星が太陽に最も近いとき（近日点）に行くのがベストです。冥王星から見れば地球の軌道は太陽のすぐ隣にあるのも同然なので、このタイミングは冥王星が地球に最も近いときでもあります。冥王星の一番最近の近日点は１９８９年だったので、次のベストタイミングは２２３７年ということになります。でもあきらめないで！　曾《ひ》曾曾曾曾曾曾孫のためにチケットを買うことはできます。なお、最短のルートをとったとしても片道10年、往復なら20年はかかります。中年になるまでに地球に戻ってこられるよう、若いうちに旅行の計画を立てることをおすすめします。もしくは、定年になるのを待つという考え方もあります。人生最後の日々を、地球上の悲哀とは遠く離れた準惑星の冷たい平原を歩きまわって過ごすのもよいかと存じます。いずれにしても、宇宙服といっしょに一番暖かい服を持っていくのを忘れないでください。冥王星はつねに地球の北極の真冬よりもはるかに寒いのですから。

アクセス

冥王星に着いてもそこで止まらないのなら、もっとずっと速く行くことができます。化学ロケットで直接フライバイ（接近通過）を試みれば、ロケットの軌道とそのとき冥王星が地球からど

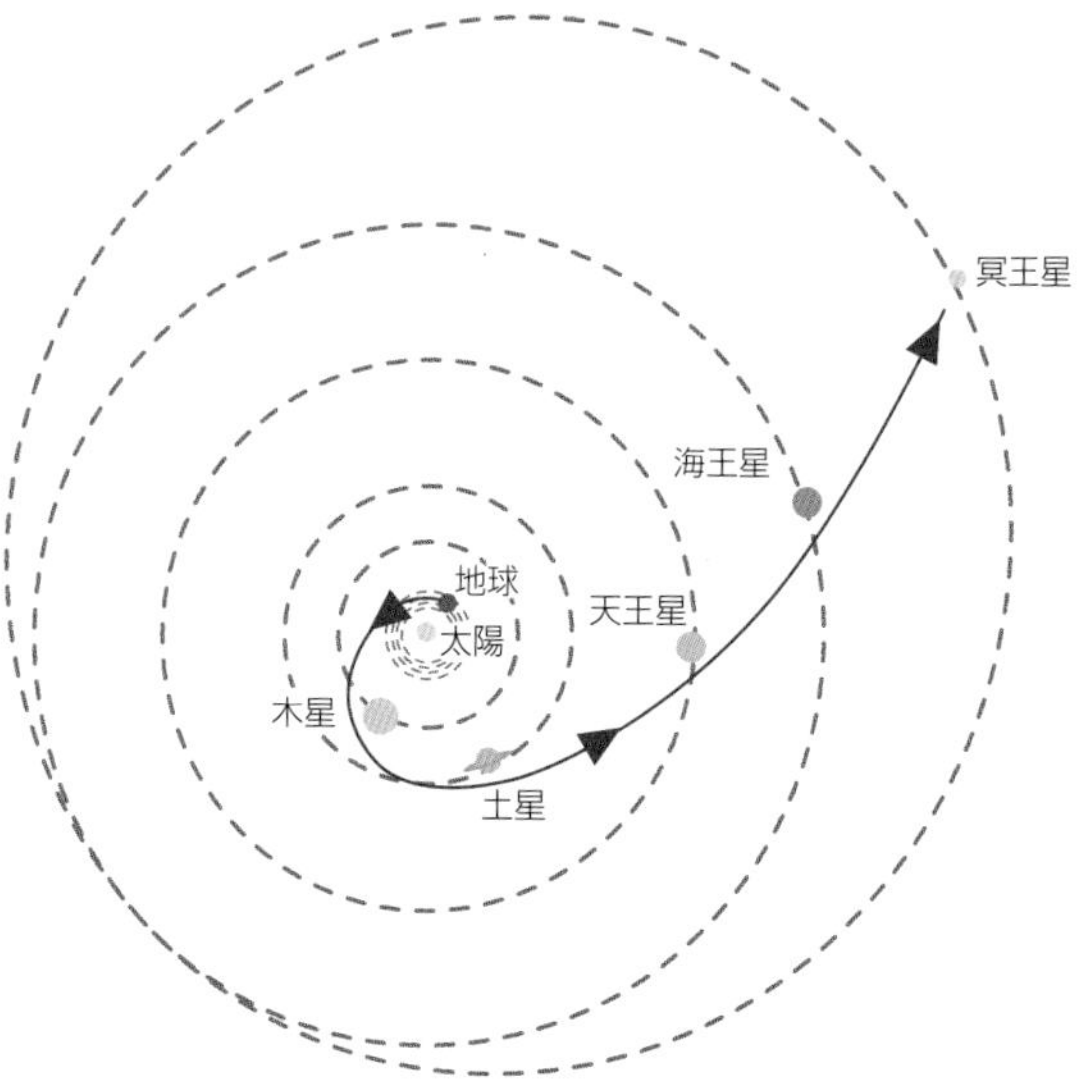

冥王星は遠く離れているが、旅の途中には重力アシストをしてくれる惑星がたくさんある。

の程度離れているかによっても違いますが、長くても20年、短ければ8年で行けるでしょう。冥王星の先にある氷の小天体に向かって猛スピードで通りすぎるときに写真におさめることくらいはできるはずです。ですが、ただのフライバイでは満足できないのなら旅行プランは複雑にならざるをえません。冥王星は地球よりもずっと遅い時速約1万6800キロで太陽のまわりをまわっており、そのスピードに合わせるために減速するには大量の燃料が必要になるからです。

ホーマン遷移軌道は、内側のもっと小さい軌道で公転している惑星には非常に効果的です。ところが冥王星は1年が非常に長いので、この方法では到着までに何十年もかかってしまいます。木星の重力アシストで何年かの節約にはなりますが、たいした効果はありません。ここは現実を認めましょう――冥王星への旅は、核爆弾推進ロケットを選択しないかぎりきわめて長期なものになってしまいます。太陽エネルギーで旅行するのはあきらめるしかありません。ここまで太陽から離れていてはさすがに無理です。あるいは、移動時間の長さを考えると、定住という選択肢も一考の価値があるかもしれません。

到着！

冥王星が大きく迫るにつれ、有名な「ハート形」も含めて、表面の暗い染みのような模様と明るい斑点との対照的な違いが見えてきます。また、衛星カロンと、カロンの顔に傷のように走る深い裂け目も見てとれます。何年にもわたる狭いカプセル生活にがまんしてきましたが、いよいよ冥王星に到着です！　なかには宇宙船の快適な設備から出るのをためらう人もいるかもしれませんが、意を決して外に出てみましょう。冬のパノラマが皆さまを出迎えてくれています。

冥王星は大気がほぼないため空は水晶のように澄み切っており、昼夜を問わず満天の星が楽しめます。空に一番明るく輝いているのはつねに太陽で、地球から見る満月より何百倍も明るく見えます。しかも公転の軌道が太陽に近づくにつれて、見える太陽も実際に大きくなるのです（近日点では遠日点より太陽が4倍明るく見えます！）。太陽方向の地平線には紺青《こんじょう》の空があり、見上

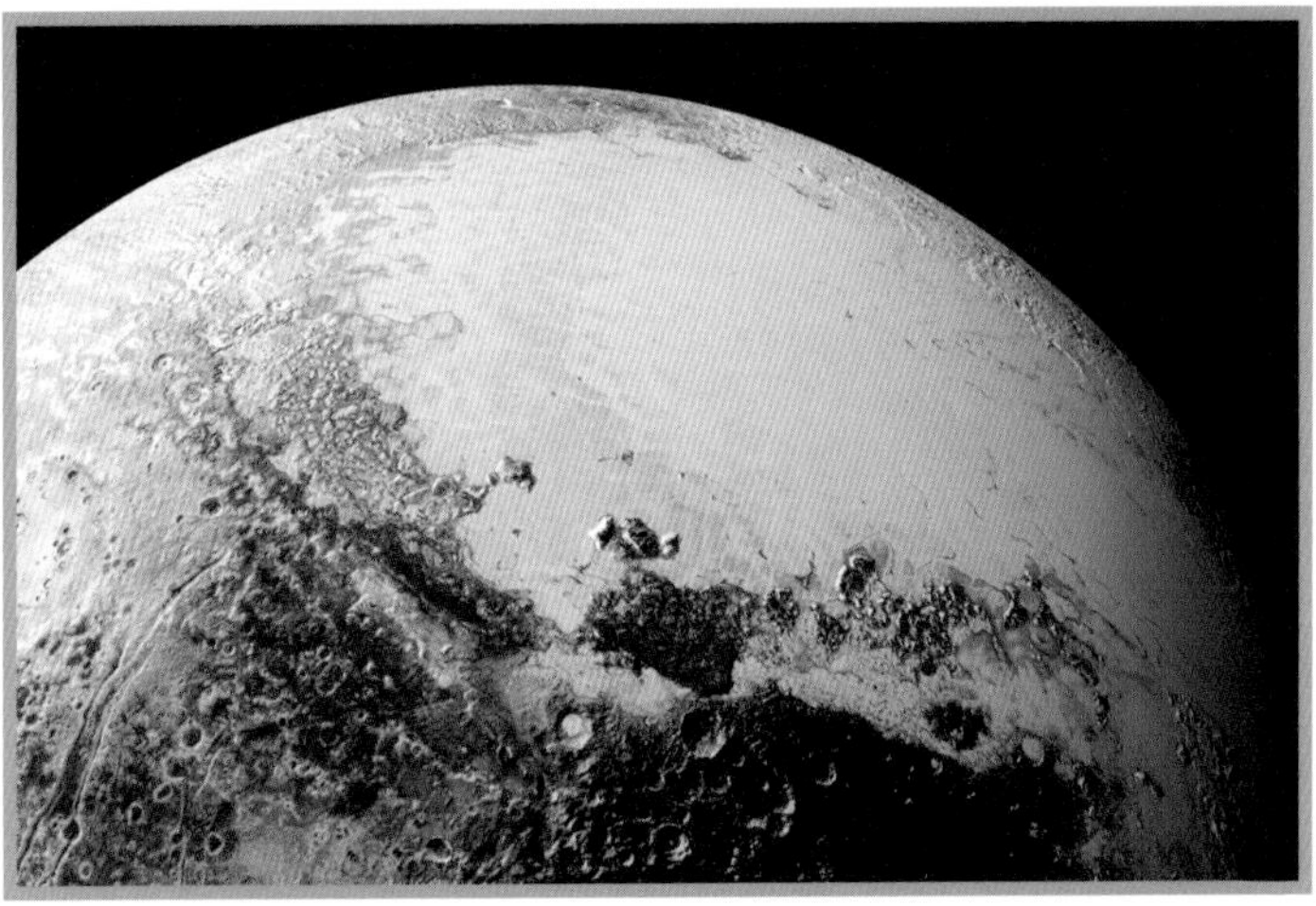

スプートニク平原の眺め。明るいハート型の地帯は冥王星で最も有名なランドマーク。出典：NASA/JOHNS HOPKINS U. APPLIED PHYSICS LABORATORY/SWRI

げると、その色がだんだんと黒に移ってゆきます。1日が地球の6倍も長いため、冥王星の日没は何時間も続きます。この世のものとは思えない光景です。太陽は地平線に沈んでもなお、四方八方へと青い光を放ちつづけます。

「着いたよ！」のメッセージを地球に送るときの注意点はこれまでと同様ですが、冥王星の軌道はかなりの楕円を描いているために、送信にかかる時間にもそれなりの幅が出ます。メッセージが地球に届くまでの時間は4時間から7時間と見ておいてください。

移動する

冥王星の地表を長距離移動するには、ギザギザの氷を乗り切れる以上の頑丈なローヴァ

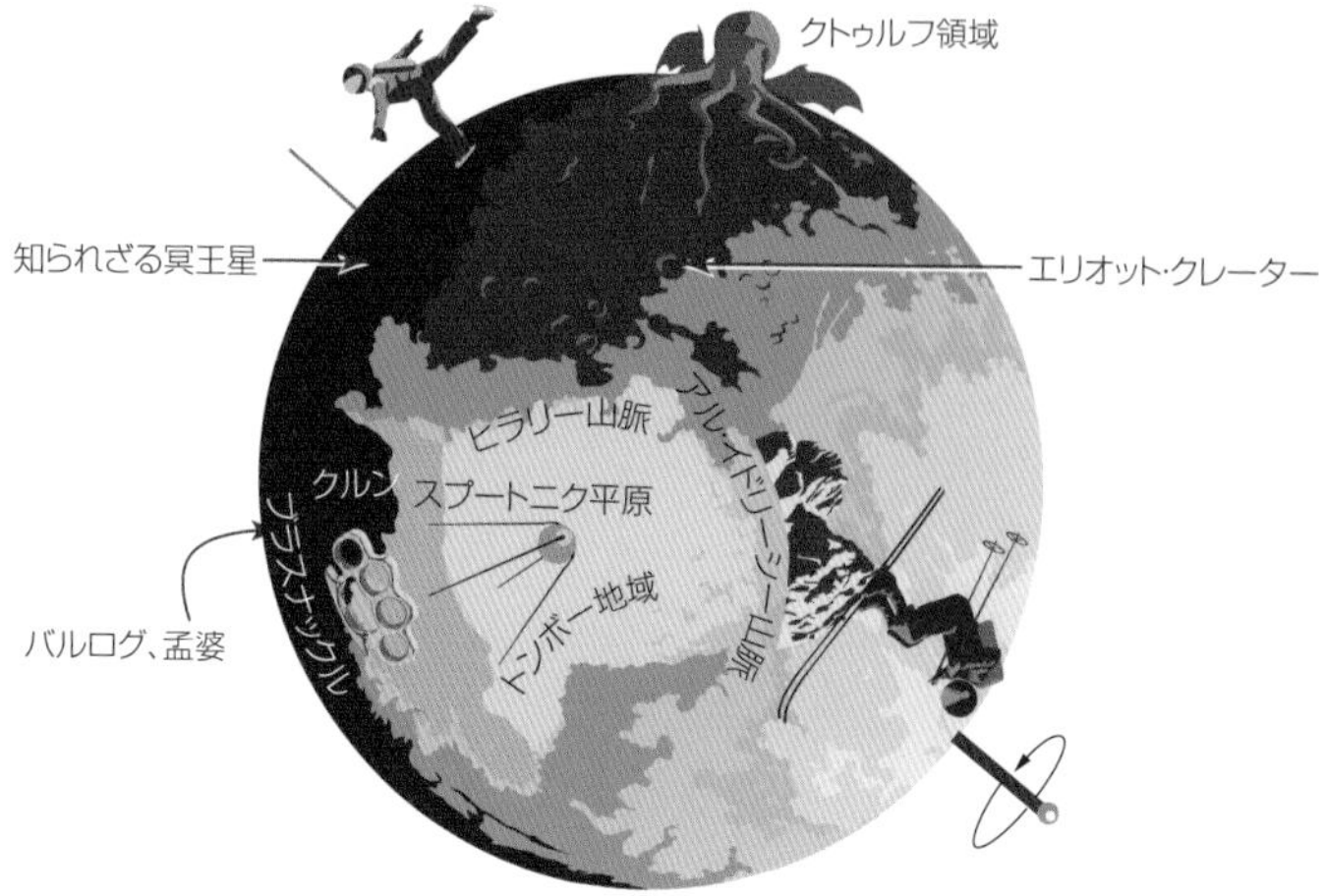

あなたのお気に入りの氷の準惑星には、シーズンを問わず冬の楽しみがたくさんある。

ーが必要です。その点、ホッパーなら不安定な地形を避けられるので重宝します。低重力下では長い距離を進むことができ、しかも稀薄な大気には抵抗がほぼありません。もし空から冥王星を見てまわりたいとしても、飛行機ではなくロケットで飛ぶほうがよいでしょう。

しかし冥王星のような氷の世界に特有の旅となれば、なんといってもホヴァーカーです。ホヴァーカーは、快適に与圧された車内の熱を車体の底から逃して凍った地表を熱し、大気のクッションを生み出します。これで平らな平原をかなりの低摩擦で滑るように進むことができます。

冥王星と小さな衛星とのあいだを行き来するのは簡単です。低重力と稀薄な大気のおかげで、冥王星の引力から逃れるのに燃料はそ

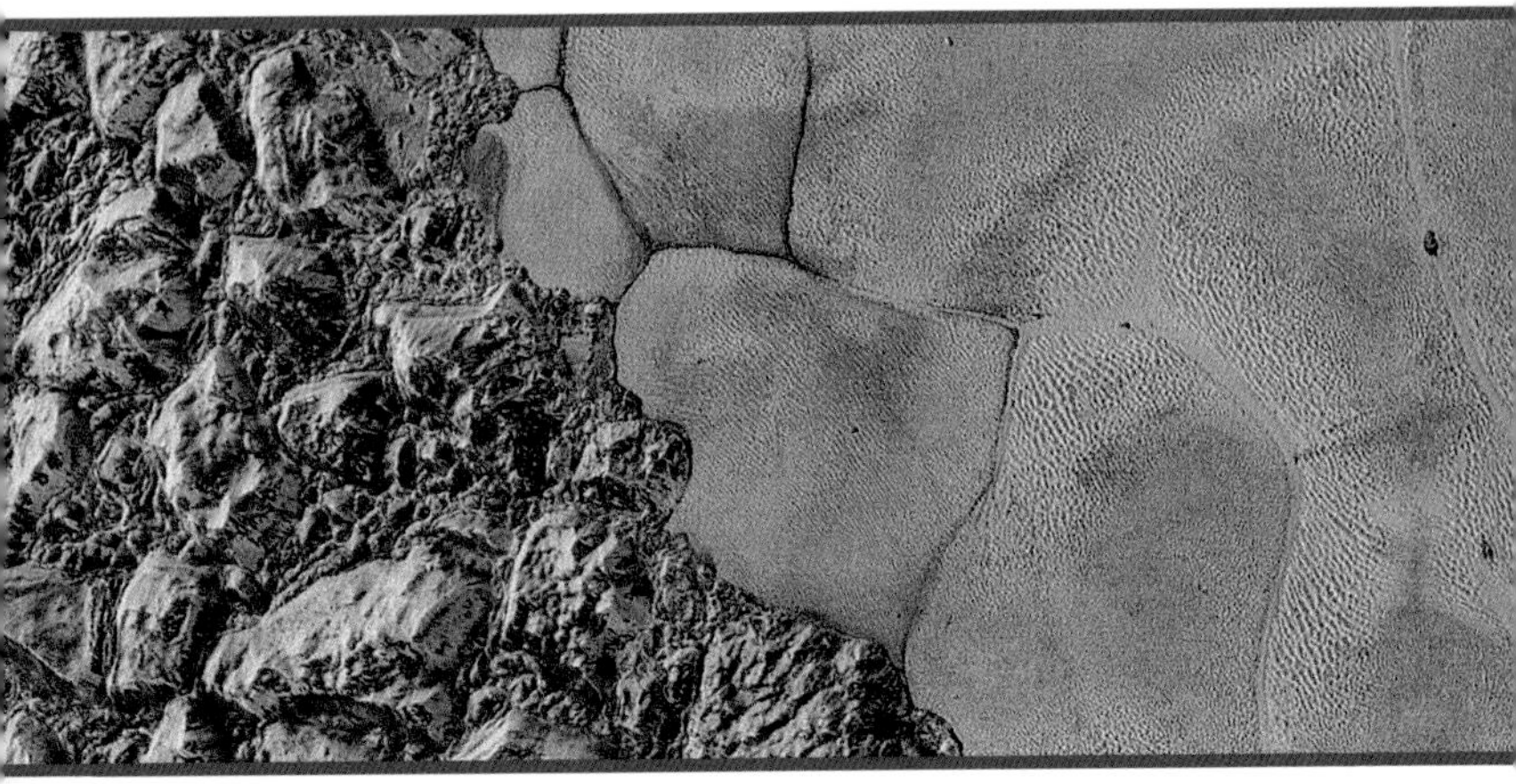

スプートニク平原の端が写っている。

れほど必要ありません（時速約4300キロ出れば十分です）。近くのカロンまで行くのはせいぜい地球を半周するようなもの。距離は1万9000キロほどなので、地球からの通常の打ち上げ速度で飛び立てば1時間もせずにカロンに到着できるでしょう。

観光スポット

◎トンボー地域（トンボー・レギオ）

冥王星を訪れる方はたいてい「トンボー地域」のハート形で有名な明るい平原が目当てのようです。ハートの左半分である西側は「スプートニク平原（スプトニク・プラヌム）」として知られる氷の盆地で、深さは数キロから十数キロ、幅は800キロほどあります。乾いた砂漠のひび割れのように、大きな割れ目が平原を幾何学的な形に分断し

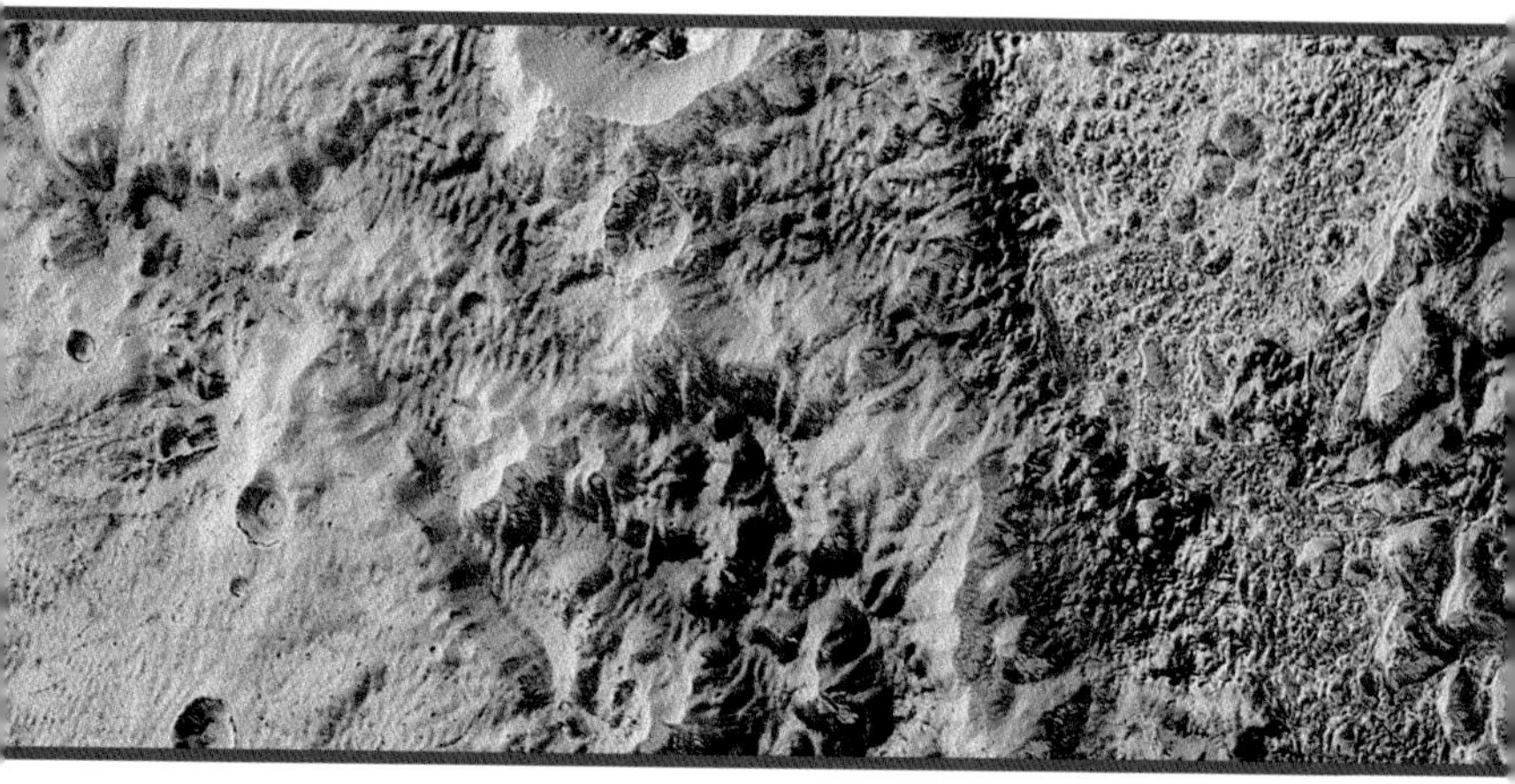

左ページはピンク色の水の氷の山、アル・イドリーシー山脈。右ページには
出典：NASA/JOHNS HOPKINS U. APPLIED PHYSICS LABORATORY/SWRI

ています。落ちないようにご注意ください。この構造は——インテリア照明器具のラバランプのように——窒素の氷がじつにゆっくりと攪拌されている領域の表層部と考えられています。水の氷は窒素の氷より密度が低いため、表面に浮上した水の氷の大きな塊が固体窒素のなかを氷山さながらに漂っているように見えることがあります。ほかにも、トンボー地域のこの一帯ではでこぼこの穴や明るい平原、孤立丘など、特徴的な地形をいくつも目にすることができます。

◎アル・イドリーシー山脈

ハートの西側のカーブの上には、無秩序な山脈がのしかかっています。アイスクライマーの方なら、ロッキー山脈ほどの高さにそびえ立つこの山脈をお気に召していただけるはずです。水の氷のこの山脈はかわいらしいピンク色をしており、白い雪の帽子もかぶっています。ピンク色をしているのはメタンが純白のなかに入り込んでいるためで、言ってみれば泥雪のようなもの。ただしこの雪は氷結したメタンでできているため、残念ながら解かして飲むのには適しません。冥王星では俗に「雪がピンクなら飲むな」と言われています。山頂と山頂のあいだにあるのは窒素の氷河の流れた跡。地球では、大気の大半を占める窒素はまず気体でしか目にすることができません。この機会にじっくりと観察してみましょう。凍った空気とはこんな感じです。

◎ヒラリー山脈とノルゲイ山脈（ヒラリー・モンテス、ノルゲイ・モンテス）

スプートニク平原から南西に進んで「ヒラリー山脈」と「ノルゲイ山脈」に向かいましょう。山脈の名前は、世界初のエベレスト登頂を記録した登山家にちなんでいます。ノルゲイの最高峰は麓から３３５３メートル。１９５３年にイギリス登山隊のテンジン・ノルゲイとエドモンド・ヒラリーが到達したエベレストの標高８８４８メートル、あるいは麓から山頂までの４５７２メートルに比べれば数字のうえではたいしたことはありません。でもがっかりしないで。だってほら、あなたはここに来るまでにすでに43万キロは旅してきたわけですから。

◎ブラスナックル

「クトゥルフ領域」と冥王星のハートとのあいだには、広大な暗い領域がブラスナックル［拳に

はめて打撃力を高める格闘武器」の指を入れる穴のようにならんでいます。この暗斑にはそれぞれ神話に出てくる生き物の名前がつけられ、中国の忘却の女神「孟婆《もうば》」や、『指輪物語』に出てくる地下の怪物「バルログ」、マンダヤ教の冥界の支配者「クルン」などの名前も見られます。

◎クトゥルフ領域（クトゥルフ・レギオ）

「クトゥルフ」の名はH・P・ラヴクラフトの小説に出てくる大ダコのような怪物に由来しますが、実際には巨大なクジラのような形をしています。

ここを訪れたら、炭素に富んだタール色の泥（ソリン）の層に覆われた、真っ暗な氷の大地をハイキングしてみましょう。冥王星の高地であるクトゥルフはスプートニクの氷の平原よりもずっと古い地形なので、クレーター——時の傷跡——もたっぷり見られます。そのうちのひとつ、直径90キロの「エリオット・クレーター」には奇妙な明るい色の氷のリングがあり、そのリングの上が絶景ポイントです。高さ3・2キロの中央丘が、まるで氷の堀に囲まれた城のようにそびえ立っています。

アクティビティ

◎スキー

ありきたりのバカンスより少しだけスリリングな体験をお望みなら、バックカントリースキーに挑戦してみるのはいかがでしょうか。おそらく地球上のどのコースで滑るよりも強烈なスキーが楽しめます。加熱スキー板をお使いになったことはありますか？　熱で水蒸気の層を作り、雪との摩擦を減らしてくれる優れものです。メタンの冠雪《かんせつ》なら冥王星版の〝パウダースノー〟が見つかる可能性が高く、抜群の滑り心地を体験できるでしょう。また、質量が月のわずか6分の1の冥王星は表面重力が小さいため、たとえば普通にジャンプしても7メートルくらいは簡単に空中に上がり、ゆっくりと下りてくることになります。急勾配のジャンプ台もたくさんご用意しています。ただし、スピード狂の方にはあらかじめお知らせしておきます。低重力ではすぐに加速するのはむずかしいため、スピードが出るまで少しだけ時間がかかります。それでも十分な長さのダウンヒルを滑れば、やがては息をのむほどの速度——空気抵抗がないのでかなりのもの——に達することができるでしょう。

◎アイススケート

岩の上でアイススケートをしたことのある方は……いらっしゃいませんよね？　ここ冥王星はマイナス約240度の超急速冷凍庫のようなもの。水の氷は、まさに岩のようにガチガチになっています。そんなわけで、スケートをするなら水より窒素のアイスリンクのほうが安全かつ楽しく滑れます。というのは、窒素は水よりも凝固点がはるかに低く、そのマイナス210度という温度は冥王星の大気温度にずっと近いため、岩ほどは固くならないからです。ただし、スケートの刃の摩擦で氷をわずかに融かしてすべる地球のアイススケートとは勝手が違います。窒素のアイススケートに慣れるまでには少し時間がかかるかもしれません。スキーで加熱板をお使いいただいたように、加熱ブレードを使ったほうがスムーズなスケーティングができるでしょう。

◎山登り

冥王星のピンクの山には断崖があってごつごつと険しそうに見えるかもしれませんが、重力が弱いので驚くほど楽に登れます。とはいえ、アイゼンやピッケルなど、アイスクライミング用の丈夫な装備は必要です。低重力下では安全用の装備に無頓着な人もいますが、必ずお持ちください。たしかに多少高いところから落ちても怪我はしにくいのですが、やはり長い距離を落ちれば死亡事故につながることもあります。

◎クリフジャンプ

冥王星では、30メートルの高さから飛び降りても脚を折るようなことはありません。飛んだ直後は、文字どおり雪のようにふわりと落ちていきます。といってもずっとそのまま落下しつづけるわけではなく、地面に近づくにつれて当然加速するのですが、30メートル程度であれば地面に到達しても地球で180センチの壁から飛び降りるのと同じくらいの衝撃にしかなりません。パラシュートは不要です。というより、大気の抵抗がない冥王星ではなんの役にも立ちません。スプートニク平原には広くて深い穴があちこちにあり、クリフジャンプ好きにはたまらない場所です。

◎エアホッケー

冥王星でエアホッケーのパックを地球の室温程度に温めると、その下の氷は一瞬にして猛烈な勢いでガスに変わります。これで地表のすべてがあなた専用のホッケーリンクに変身！　けれどパックはつねに動かしつづけてください。ぐずぐずしていると氷に穴が開《あ》いてパックがめりこんでしまいます。

◎準惑星の位置づけについて討論する

準惑星について真剣に議論をするなら、冥王星こそ話し合うにふさわしい場所です。惑星の定義をお知りになりたい？　国際天文学連合によると、惑星とは3つの基準を満たす天体でなければならないとされています。まず、太陽のまわりをまわっていること。次に、自身の重さでほぼ球状になるだけの質量があること。そして、自身の軌道付近の天体を排除している、つまり、同じ公転軌道にほかの天体がないこと。

この最後の基準を冥王星は満たしませんでした。同じ軌道上に氷の天体がほかにもたくさんあるからです。そしてそれ以外の面でも、冥王星は変わり種と言ってよい星です。たとえば、冥王星以外の太陽系の惑星は同じ平面（黄道面）を公転していますが、冥王星の軌道はこの面に対して大きく傾いています。さらに、太陽系には冥王星に似た天体が数多く存在します（海王星の衛星トリトンは冥王星より大きい）が、そうした天体が惑星とみなされたことは一度もありません。するとと選択肢は、冥王星を降格させて太陽系の惑星を8つとするか、冥王星をこれまでどおり惑星と認めるかわりに、場合によってはさらに多くの天体を太陽系の惑星地図にくわえるか、のふたつにひとつとなりました。

結局——理屈はどうあれ——冥王星が準惑星に降格されたことは、賢い宇宙旅行者にとってはメリットとなりました。「準」惑星なのですからツアーは多少の値引きがありますし、惑星の喧噪を逃れておだやかな休暇を過ごせるでしょうから。

ちょっとよりみち

冥王星の主衛星といえば、皆さまも写真で見たことがあるかもしれない「カロン」です。ほかにも、「ニクス」「ヒドラ」「ケルベロス」「ステュクス」という小さな衛星群があります。フットボールのような形のニクスとヒドラは、予測不可能な自転をしているために行くのはややめんどうです。このふたつの衛星にしばらく滞在すると、日によって1日の長さがまちまちなこと、太陽の昇る方角が劇的に変わることに気づかれるでしょう。ゆっくりとした無秩序な自転は、冥王星やカロン、その他衛星との相互作用に原因があります。重力の影響によって不規則なふらつきが生じているのです。

せっかく冥王星から離れるのなら、太陽のまわりのカイパーベルトと呼ばれる広大な円盤状の領域に分布する別の準惑星や、数ある小さな氷の彗星をいくつか訪ねるという選択肢もあります。冥王星とその衛星や、こうした太陽から遠く離れた氷の天体はすべて「カイパーベルト天体」と呼ばれています。

◎カロン

冥王星の空にはカロンが大きく——地球から見る満月の2倍——迫って見えます。地球と月の関係と同様に、冥王星が1周自転するごとにカロンは1周公転するので、冥王星の半分はけっしてカロンを見ることはありません。カロンに面した側に滞在するほうが旅行代は高くつきますが、それだけの価値はあります。

冥王星の衛星カロン

出典：NASA/JOHNS HOPKINS UNIV. APPLIED PHYSICS LABORATORY/SWRI

冥王星とカロンの距離は上海からブエノスアイレスまでと同じくらい——水たまりを飛び越えるほどの距離にすぎません。そして、冥王星とカロンの質量はあまり差がないため、衛星が（元）惑星のまわりを公転しているというより、ふたつの星がたがいのまわりをまわっていると言ってもよい関係です。つまり、ふたりの人間が手をつないでともに円を描き、重力のダンスをしているように見えるのです。一見奇妙なようですが、そんなことはありません。たとえば地球と月ですが、私たちは月が動いて地球は静止していると考えますが、実際は地球と月は質量中心と呼ばれる点を中心にしてどちらもまわっており、けれども地球が月よりもずっと質量が大きいので月だけが動いているように見えるにすぎません。これに対して冥王星とカロンの場合は、質量中心が冥王星のかなり外側にあり、そのため両者がたがいに公転しながら大きく動いているように見えるというわけです。さあ、冥王星とカロンがあなたを中心にしてまわるのを観察できるように、ふたつの星のあいだを停泊所としましょう。

最初は、カロンの表面を横切るように伸びている巨大な峡谷、「セレニティ谷（セレニティ・カスマ）」に行ってみましょう。グランドキャニオンよりも長く、深い谷です。おそらくカロンの海が凍って膨張したとき、その一帯に深い裂け目ができたのでしょう。カロンの〝堀のなかの山〟にもぜひお立ち寄りください。深い穴の真ん中にあるこの独特な山の起源は、まだ謎のままです。

別の地域に行くと、あたりの色が変わります。赤道付近の明るい地面に比べると、極の近くは暗く、もっと赤い色をしています。北極付近の特に暗い地域には、J・R・R・トールキンの『指輪物語』に出てくる威嚇的な国の名前から「モルドール」という愛称がつけられています。『指輪物語』には「モルドールは簡単に歩いて入れるような場所ではない」という台詞《せりふ》がありますが、それは正しい意見です。カロンの表面重力は地球のたった3パーセント。歩くのはかなりむずかしい星です。

◎ハウメア

命の洗濯に行こうという皆さま、それができる最果ての地は冥王星とカロンではありません。太陽系の外縁部には冥王星以外の準惑星も漂っています。準惑星「ハウメア」は、平均すると冥王星よりも太陽から遠く、大きさは冥王星の3分の1ほど。名前はハワイの地母神《じぼしん》に由来し、新生児の細長い頭のようなその形は、長軸が短軸より2倍長い独特な形をしています。これは超高速で自転しているためで、なんとハウメアの1日はたったの4時間しかありません。ハウメアに立つと、はるか遠くの太陽が空の星々とともに昇っては沈む1日の動きがまるでタイムラプス動画のように見てとれます。ハウメアのふたつの衛星ヒイアカとナマカの名前は、ハウメカの娘たちであるハワイの守護女神と水の精からそれぞれとったものです。

◎マケマケ

地球と太陽の平均距離の38倍から53倍も離れた軌道をまわるマケマケに比べれば、冥王星でさえ明らかに都会的に見えるというものです。マケマケの名前は、ラパ・ヌイ島の神話に出てくる人間の創造主で豊穣を司る神に由来しています。ラパ・ヌイは「イースター島」としても知られ、衛星をひとつ持つマケマケが最初に発見されたのは、イースター(復活祭)直後のことでした。

◎エリス

この準惑星はもともとジーナと呼ばれ、衛星はガブリエルと呼ばれていました。どちらも連続テレビドラマ「ジーナ」の登場人物の名前を冠したものでしたが、ジーナはギリシャ神話の争いと不和の女神からとった「エリス」に、ガブリエルは無法の半神半人《ダイモン》からとった「ディスノミア」に改名されました。発見された当初、エリスは惑星の分類に関して大きな議論を引き起こしました。その頃、冥王星はまだ惑星とされており、エリスがさまざまな点で冥王星に似ていたからです。冥王星が惑星であるいじょうエリスも惑星とされるべきではないのか、なんといってもエリスのほうが冥王星より質量が若干大きいのだから——と。しかし、天文学者らは惑星クラブのメンバーを増やすのではなく、冥王星を追い出し、冥王星とエリス、その他同等の天体を準惑星と再定義したのです。

観光客にとって他の追随を許さないエリスのユニークさは、「ものすごく遠い」という一点にあります。遠日点の軌道は太陽と地球の平均距離のじつに97倍。もしエリスが太陽に最接近するタイミングを逃せば、次の通過には557年もの途方もない年数を待たなければなりません。皆さまにはエリス行きの船に乗る前に、どこまで孤独に関心があるのか、よくよくお考えいただくようおすすめしています。

◎67P／チュリュモフ・ゲラシメンコ

暗く、でこぼこした形のこの彗星はふたつの丸い突出部から成り、全長は富士山の標高ほど。名前は、発見者であるクリム・イヴァノヴィチ・チュリュモフとスヴェトラナ・イヴァノヴナ・ゲラシメンコにちなんでつけられました。ありがたいことに「67P」の略称でも知られ、現在は冥王星のある、生まれ故郷のカイパーベルトから太陽系中心部へと向かう旅の途中にあります。重力はごく小さく、注意が必要です。着陸時には興奮しすぎないように気をつけましょう。暗い表面にすぐに跳ね返されてしまいます。もちろんジャンプは厳禁。さもないと、飛び上がったが最後、二度と忘却のかなたから降りてくることはないでしょう。67Pは、ロボットの客人を初めて迎えた栄誉に輝く彗星でもあります。彗星探査機ロゼッタのミッションの一環として、無人着陸機「フィラエ」を迎えたのでした。

ロボットの来客があった初めての彗星、67P。
出典：ESA/ROSETTA/NAVCAM

彗星がすべてそうであるように、67Pも土星の軌道より太陽に近づけば、氷の一部が解けてガスが出はじめます。すると本来なら暗い氷の核が明るい雲に包まれ、光を反射し、しっかり固定されていなければ着陸地点にとどまっているのがむずかしいほどになります。太陽に近づいているときの67Pに立っていると、2本の尾が出てくることに気づくはずです。ガスの尾と塵の尾です。ガスの尾は太陽風に吹き飛ばされるために太陽とは反対の方向に伸び、塵の尾はしばしばカーブを描いて彗星の軌道とガスの尾の中間あたりに伸びていきます。

67Pが地球の軌道を横切ることはありませんが、横切っていく彗星もあります。そのとき彗星はパン屑のような塵の粒子を残していきます。その小さな粒子のそれぞれが光の筋を形作り、流星群となるのです。さあ、願いごとを!

地球への帰還

HOMECOMING

楽しいことには必ず終わりがあります。おそらくさびしい気持ちになるでしょうが、同時に、地球に戻る日を心待ちにする気持ちも膨らんでくるでしょう。そんな待ち時間は、なるべく忙しくしておきましょう。地球の友人や家族とあらためて連絡をとったり、地球のガイドブックを読んだり、最後にもう一度だけお気に入りの観光スポットに行ってみたり。けれどこのことは知っておいてください。宇宙旅行の時代が幕を開けた頃からずっと、宇宙飛行士たちは皆こう力説してきました。宇宙に来たことで地球への感謝の思いがいっそう増した、と。

帰還の旅の開始とともに、遠い天体から星空のかたすみに見えていたあの淡いブルーの点がだんだん大きくなってきます。壮大な旅の終わりが近づいていることに胸がちくりと痛み、それと同時に、間もなく、何年か、何十年かぶりに、懐かしい重力のなかで自分のベッドに横になれるのだと思うとうれしさがこみあげてくるはずです。いよいよ地球に近づくと、ごく薄い大気の輝きが地球を覆っているのが見え、その一見すると小さな特徴がその下で生きる厖大な数の生命にとってどれほど重要であるかに思いをはせ、驚嘆さえするでしょう。

地球人に戻ることは、必ずしも順調にはいかないと思います。イギリス人宇宙飛行士のティム・ピークは、半年間の宇宙滞在のあとに地球に戻るプロセスを「史上最悪の二日酔い」と表現しました。宇宙にいる期間が長くなるほど、地球の生活に心身ともに慣れるまでには時間がかかります。微小重力での生活で体力が落ちていたり筋肉の協調性が損なわれていたりする可能性があり、元の体力を回復するには何年もかかることもあります。地球に戻ったあとは用心して歩き、衝撃は避けなければなりません。

弱った骨、とりわけ腰は、ストレスがかかると折れてしまうことがあります。戻って最初の数日から数週間は、歩行が困難だったり少しぎこちなかったりするかもしれません。地球の重力下では足をそろそろと出していてはいつまでたっても部屋のむこうへは行けないことを、つい忘れてしまうこともあるでしょう。新しいワインのボトルを取りに行く少しのあいだ、グラスから手を放してはいけないことを忘れて割ってしまうグラスの数はひとつではすまないと思います。そう、この地球では物は何かの上に置かなければいけないのです。

宇宙に長期滞在した人の多くはカルチャーショックに襲われます。どれだけ地球から離れていたかにもよりますが、いざ戻ってきてみると、地球は出かけたときとは大きく変わっていて、自分がタイムトラベルしてきたよそ者のように思えてしまうこともあります。自分の音楽やファッションの趣味は時代遅れになってしまったと感じることもあるでしょう。

かなり長く留守にしていたのだとすれば、100パーセント自然な環境で暮らすのがどんなことだったのかを忘れてしまっていることさえあります。空調のきいた居住地で何か月も、何年も、場合によっては何十年も過ごしてくれば、なんということもない普通の秋の日に外出先でちょっと天気が不安定になっただけで頭がくらくらしてくることもあるでしょう。あるいは逆に、最高に暑いサハラ砂漠生まれの人が、あるいは最高に寒いシベリアの果ての生まれの人が、その極端な環境を人生で初めて楽しいとさえ感じ、息が詰まるような暑さのなかで嬉々として下着姿になったり、朝の5時に車のフロントガラスについた氷を落とす雑用を心から楽しんだりするようになるかもしれません。

もしかするとあなたは、地球に戻ったら1年じゅう暖かくてコートいらずの赤道直下に引っ越そうと思うかもしれません。あるいは、地球の水準で見れば生きていくのが大変でも、宇宙の水準で見ればそうでもない極地でどう暮らしていくかを考え、わくわくするかもしれません。

最終的にどこに落ち着くにしても、おそらくあなたは地球のはっきりとした四季をこれまでになく堪能し、冬の汚れた雪の覆う通りに、春の雪解けのぬかるみに、夏のべたつく日々に、秋の身を切る突風に、大きなよろこびを覚えるはずです。

帰還が1年のどの時期になろうと、また、どんな天気に当たろうと、ほんのささいなことにも心が弾む自分に驚くことでしょう。ひどい天気の日に上着も着ず、ひょっとすると靴さえはかずに家を出たりするかもしれません。それは自然があたえてくれるものすべてを体に感じたいからです。やれ寒いだの、暑いだの、嵐だのと文句を言う友人にはあきれてしまうかもしれません。どれもあなたが宇宙で体験した天気と比べればおだやかに思えるものばかりなのに。たぶんあなたは、大きな青い空とそこに浮かぶふっくらとした白雲から目を離すことができないはずです。太陽が沈めば夜の漆黒と小さな星々を見つめ、少し前まで自分のいた場所に目を見張ることでしょう。宇宙の美しさ、人類のもろさ、ふるさと地球を守るためにできることはなんでもしなければならないという切迫感について、見知らぬ人を相手につい長々と話し込んでしまう自分を抑えるのは生やさしいことではないかもしれません。

その一方で、あなたは地球で動きまわることの不自由さに腹立たしい思いをするかもしれません。街中では、特に特定の時間帯の交通渋滞は日常茶飯事です。空港はいつも混雑していますし、手荷物検査も毎回受けなければなりません。船での移動のほうが少しだけ快適に感じられるかもしれませんが、時間はかかるし便数も飛行機ほど多くありません。だからあまり人が活動していない、すいている時間をわざわざ選ばなければなりません。人込みに息苦しさをおぼえ、パニック発作を起こしてしまいそうです。もしもあなたが人のほとんどいない、太陽系のとりわけ僻地で休暇を過ごしたならばなおさらです。

しかしそれでも――地球の驚くほどバラエティに富んだ自然の美しさに、あなたはきっと胸を打たれるでしょう。流れる水の音がどんな音だったのかを、おそらく忘れていたのではないでしょうか。広大な大地が豊かな緑で一面覆われることがあるのを、おそらく忘れていたはずです。久しぶりに森を見てなぜか不安な気持ちになり、大きく開けた砂漠のほうが心地よく感じられるかもしれません。クレーターや峡谷や山脈を見れば、宇宙で見たものと比べずにはいられないかもしれません。しかしあなたはもう帰ってきたのです。だから、ゆっくりと地球を楽しむべきです。この惑星の自然の多くは、あなたが宇宙観光で見物した名所にけっして負けるものではありません。

すばらしい休暇を過ごしたあとに普通の生活に戻るのは、ほろ苦いものです。たぶんあなたは、とても長い休みをとったために転職しなければならないはずです。ならばこの機会に、何が大切かをもう一度よく考えてみませんか。もしかするとあなたは、地球の現状を改善することに、あるいは、この惑星《ほし》の住人を効率よく生かしつづけてくれる繊細な環境を保護することに、全力をつくそうと考えるかもしれません。もちろん、地球の生活に戻るなかでこれからのことをどう決断するかはひとりひとりの問題です。ですが、日常の何もかもを本当に忘れることのできたひと時としてこの宇宙での体験を振り返ってみるのは、きっと良いことのはずです。日々のストレスがたまってきたときには、夜の空を見上げてください。そしてあの星々のなかにいる自分の姿を、どうか心に思い描いてくれますように――。

謝辞

本書は、ゲリラ・サイエンスの天才たちの存在がなければ世に出ることはなかった。同社はこれまでの想像の枠を超え、私たちの奇妙なアイデアを広める場を提供してくれた。遡ること2008年、イギリスのぬかるんだ土地でこの個性的な共同事業を興したジェン・ウォン、マーク・ロージン、ゾーイ・コーミアには感謝の気持ちでいっぱいだ。また、情熱の火を燃やしつづける助けとなってくれたルイス・バックリー、ジェニー・ジョプソン、サラ・バーカー、カイル・マリアン・ヴィテルボ、レイチェル・カープ・レイディ、ピガール・タヴァコリ、マリッサ・ハザンにも大変お世話になった。特に、昔のSFの持つ〝懐古趣味的未来像（レトロ・フューチャリズム）〟を発展させられる場、〈インターギャラクティック・トラベル・ビューロー〉の構想を最初に打ち出したジェニー・ジョプソンには深く感謝する。マーク・ロージンはとりわけ大切なアドバイザーであり、アメリカで〈インターギャラクティック・トラベル・ビューロー〉を軌道に乗せるのに力をつくしてくれた。

パッとしない私たちの小さな宇宙旅行代理店を、アメリカとイギリスの催しや博物館、使われていない店舗で展開することに多くの人が協力してくれた。何も知らない大勢の通りすがりの人々を楽しませることに精力的に取り組んでくれたすべてのボランティア、天文学者、天体物理学者、宇宙旅行の案内役には頭の下がる思いだ。また、洞察力に富んだアートで〈インターギャラクティック・トラベル・ビューロー〉に命を吹き込んでくれるスティーヴ・トーマスには心より感謝する。その才能はつねにインスピレーションの源であり、あなたの作品なくしては、ビューローは冷たく生気のないものになってしまうだろう。特に本書に関しては、私たちが際限なく微修正を繰り返し、再三の方針転換があったり、科学的な細部にこだわったり、創作上の実験に失敗があったにもかかわらず、人並みはずれた忍耐強さでイラストを描き上げてくれたことに感謝を申し上げたい。

銀河間旅行〈インターギャラクティック・トラベル〉の案内役で本書の助言者として初めからかかわってくれ、身体的にも精神的にもつねに進んで救いの手を差し伸べてくれたフェリス・ジャブルには心からの謝意を表したい。また、次の方々にも感謝を申し上げる。ニューヨーク市のガバナーズ島で私たちがアメリカでの活動を開始するにあたり、フェリーに厖大な数の道具を積み込む手助けをしてくれたコリーン・コックス。アメリカにおけるビューローの最初の旅行案内役で「エクソプラネット・アプリ」の作成者でもあるハノ・レイン。このアプリのおかげで〈インターギャラクティック・トラベル・ビューロー〉を訪れた人は、太陽系外惑星の魅力的な世界への理解を深めることができる。また、ビューローの立ち上げ初期にかけがえのない支援をしてくれた特別案内役のルネー・フロジェックとルシアン・ウォーコウィッチ。創作の場を提供してくれた美術団体〈チャシャマ〉のヤヌシュ・ヤウォースキと、善良なすべての団体関係者。マンハッタンで最初の期間限定店をオープンするのに手を貸してくれたケイトリン・プレストとミトラ・カボリ。ビューローをセンスの良いものにしてくれ、かつてないほどのカスタマーサービスを提供してくれたザック・コプシアック。スタッフとして協力してくれている科学者オール・グラウア、ヴィヴィアナ・アクアヴィーヴァ、スティーヴン・モハマド、フアン・カミロ・イバニェス＝メヒア、アダム・ブラウン、ルイス・ダートネル、アダム・スティーヴンス、アン・ポサーダ、サラ・ピアソン、フェデリカ・ビアンコ、カート・ヒル、ロビン・ロバーツ、アンドレア・デルジンスキー、ゼファー・ペノイアのほか、サンフランシスコ、ワシントンＤＣ、ニューヨーク、ロンドンで宇宙観光のプランニングに参加してくれたその他すべての科学者、役者、ボランティアの皆さん。かたくななニューヨーカーたちに月への観光旅行（や携帯電話サービスの切り替え）を検討させるための的確なアドバイスをくれた携帯電話会社メトロＰＣＳの友人。宇宙旅行の写真に上品さと優雅さをもたらしてくれたリン・スプレインとセレナ・タン。クラウドファンディングサイト「キックスターター」を通じたすべての支援者、顧客、そして〝宇宙から絵ハガキを送り〟、〝月や火星で〟私たちと写真を撮り、広大な真空空間で休暇を過ごすという計り知れない神秘について考えさせてくれた大勢の来店者たちに感謝を申し上げる。

この本の出版のために時間とエネルギーを割き、支援してくれたすべての方々の好意を大変光栄に思っている。とりわけ、つねに忍耐強く接してくれたジェイムズ・ヘドバーグには感謝の言葉もない。彼は的確な批評と物理の専門知識で執筆を導き、本書が誕生するまでのあいだ、その料理で私たちの体に滋養をあたえてくれた。また、リチャード・シュムード、テッド・サザン、ジョナサン・マクドウェル、ジョーン・ハンター、ポール・スプーディス、タカ・タナカ、ギル・コスティン、マット・ヘヴァリー、ジム・

パパドポロス、ジェフリー・ランディス、キーガン・カークパトリック、サラ・ファーゲンツ、ロバート・ストローム、デントン・エベル、キャサリン・デ・クレーア、デイヴィッド・ブルウェット、トム・スタラード、アンドリュー・インガーソル、マーク・レモン、マイケル・パーソン、ヤニ・ラデボー、P・J・ブロント、ジェシカ・ラダッツ、エミリー・ラウシャー、ポール・シェンク、マイケル・ブッシュ、トリスタン・ギヨなど、取材に応じてくれたり質問に答えたりしてくれたすべての科学者および宇宙産業の専門家にも感謝したい。経験をどうやって本にするのかと私たちが考えていたときに、貴重な意見を聞かせてくれ、サポートしてくれたアマンダ・ムーンにお礼を申し上げる。さらに、前半部の原稿をワークショップの俎上に載せてくれた才能ある作家と科学者の皆さんにも謝意を表したい。

パブリックドメインで驚くほどのデータと高解像度の画像を公開し、無料で使用できるようにしてくれているアメリカ航空宇宙局（NASA）には大変お世話になった。なお、NASAもその関連機関のいずれも、本書をなんら推薦してはいないことをここに申し添えておく。

エージェントのレイチェル・フォーゲルに引き合わせてくれたマーラ・グランバウムには特に感謝の意を表したい。また、スティーヴ・トーマスのアートを紹介してくれたうえにデザインのアドバイスをくれたケイティ・ピークと、本の記述が正確かどうかをチェックしてくれた（「気さくなご近所天文学者の会」の）アイリーン・ピーズにお礼を申し上げる。そしてペンギン・ランダムハウスの編集者メグ・レダーとチームは、このプロジェクトに最初からすばらしい熱意を傾けつづけてくれた。ここに感謝を申し上げる。

ジェイナ・グルセヴィッチ個人としては、アメリカ自然史博物館の同僚、とりわけモーデカイ＝マーク・マック・ロウ、ニール・タイソン、アシュレイ・パグノッタ、ステイシア・ルーシュチ＝クック、ブライアン・アボット、カーター・エマート、さらに図書館のスタッフにお礼を申し上げたい。そして家族のジェフ、サラ、ミラ、グレッグ・グルセヴィッチと、友人のステファニー・ウィクストラ、ドーン・チャン、ジョセリン・セッサ、ジョシュ・ピーク、マーク・ホイーラー、ベッキー・ウッド、アレッタとリチャードのティベッツ夫妻、クリスティンとローガンのルイス夫妻に、ありがとうの言葉を伝えたい。みんなにはなくてはならない励ましと交流で力をもらえた。自分の人生にこれほどすばらしい人たちがいてくれる幸運によろこびが絶えることはない。

一方オリヴィア・コスキーは、長時間ラップトップのスクリーンに釘付けになっている間、ほとんど文句も言わずに料理や掃除をこなし、アドバイスをくれ、自分と生まれたばかりの赤ん坊の世話をしてくれたジェイムズにお礼を言いたい。また、両親ときょうだい、その他の家族、そして多くの大切な友人のサポートにも心から感謝している。

参考文献

このガイドブックの執筆にあたっては、科学者や専門家に取材を行なった以外にも、多数の書籍を読み、NASAの山のような技術報告書や研究者のブログ、科学論文に細かく目を通した。また宇宙ミッション関連のウェブサイトには近場と遠方の宇宙リゾートに関して目もくらむほど大量の情報や画像、地図が掲載されており、そうしたサイトも厖大な時間をかけて熟読した。私たちが参考にした情報源の一覧については guerillascience.org/intergalacticsources のサイトを参照されたい。

読者お気に入りの太陽系やその先の保養地については、nasa.gov がさまざまな情報を提供してくれている。宇宙探査に関する技術報告書や科学報告書にどっぷり浸かりたい読者は、手始めに http://www.sti.nasa.gov/ を覗いてみるといい。最新情報に通じておきたいお気に入りの場所があるなら、次のウェブサイトで最近のミッションについて知ることができる。

月：lunar.gsfc.nasa.gov
水星：messenger.jhuapl.edu

金星：global.jaxa.jp/projects/sat/planet_c
火星：mars.nasa.gov
木星：missionjuno.swri.edu
土星：saturn.jpl.nasa.gov
冥王星：pluto.jhuapl.edu

ただし、心をつかまれたのが海王星と天王星で、このふたつの最新ニュースを追いたいのなら、残念ながら、どちらもずいぶんと長いこと休日に——というより、どんな日にも——地球からの訪問を受けていない。最後のミッションである「ヴォイジャー2号」で撮影された写真は http://voyager.jpl.nasa.gov に保管されている。80年代後半以降、海王星と天王星がどうなっているのかともどかしく思うなら、地球をベースとした観測に専念するか、政府当局に電話して、長いあいだ延び延びとなっているミッションを再開してほしいと告げるしかない。

訳者あとがき

皆さん、太陽系をめぐる観光旅行を思うぞんぶん堪能いただけたでしょうか？　お気に入りの観光スポットなどは見つかりましたか？　ミーハーな私はやはり迫力満点の木星の美しい縞模様や「太陽系の宝石」の異名を持つ土星の環に憧れます。もしも真っ暗な宇宙の闇から間近に肉眼で見ることができたらいったいどんな気持ちになるのか。考えただけでも胸が高鳴ります。

本書のなかで何度か登場したゲリラ・サイエンスはイギリスとアメリカを拠点に活動し、刺激的な生《なま》の体験を通して科学と人を結ぶことをモットーに、さまざまなイベントの企画や文化施設等での展示物・ビデオの創作などを行なっているユニークな集団です。そのゲリラ・サイエンスが宇宙旅行専門の旅行代理店として２０１１年に立ち上げたのがインターギャラクティック・トラベル・ビューロー（ＩＴＢ）。本書はそこで中心的な役割を担っているオリヴィア・コスキーとジェイナ・グルセヴィッチが２０１７年に出版した *Vacation Guide to the Solar System : Science for the Savvy Space Traveler!*（ニューヨーク Penguin Books 刊）を全訳したものです。

人類ははるか昔から夜空を見上げては、明るく輝く星々に強い関心を寄せてきたようです。天体観測の歴史は古く、エジプトでは６０００年も前から太陽や月の動きを観察して暦づくりが行なわれていました。しかも驚くことに、そのはるか昔の先史時代、今から1万6500年ほど前にクロマニョン人が描いたとされるフランスのラスコー洞窟にも、「夏の大三角」など夜空の星の位置を写しとったと思われる壁画が発見されています。長らく肉眼を頼りに観測されていた星々の姿は、1600年代に入って望遠鏡が発明されたことで詳細なものになっていきます。そして観測技術の進化とともに宇宙の発見は加速していきました。そうなれば今度は実際に行ってみたくなるのが人間の性というものです。

ＩＴＢは旅行代理店をうたってはいますが、もちろん現時点では本書で紹介した宇宙旅行のツアーを販売できるわけではありません。スマートフォンと専用のアプリを使った宇宙旅行の仮想体験を提供したり、来店者の希望に沿った旅行プランを立てたり、ステージショーを開催したりといった活動を中心に行なっています。とはいえ、私たちが宇宙空間へ飛び出すこと自体はすでに夢物語ではなくなってきました。昔はほんのひと握りの宇宙飛行士にしか叶わなかったことが、民間企業による宇宙ビジネスへの参入でその裾野がぐっと広がったからです。実際、日本にも宇宙旅行を専門に扱っている旅行代理店は存在し、民間企業の宇宙船の開発後を見据えてすでに旅行の予約を受け付けているといいます。現状では、民間人が宇宙に飛び出したとしても、数千万円を支払って高度100キロほどの空間に数分間とどまるのが限界かもしれません。しかし今後の技術革新やニーズの高まりによっては価格も下がり、さらに遠い月や火星へと飛び出す日もそう遠い未来ではないのかもしれません。

なにしろ、人類は50年も前にすでに月に立っているのです。米ソの激しい宇宙開発競争のなか、「1960年代のうちにアメリカ人を月に降り立たせる」というケネディ大統領の大号令のもと、ロケット開発が急ピッチで進められ、それは実現しました。「冷戦の代理戦争」と化した宇宙への関心はその後急速に失われたかにも思われましたが、今また私たちの目は宇宙に向きはじめているようです。ご記憶の方も多いと思いますが、最近も米グーグル社が支援するXプライズ財団が世界初の民間による月面探査レースを主催するというニュースがありました。日本からもチームHAKUTO（ハクト）が参加に名乗りをあげていましたが、残念ながら開発の遅延や資金不足などの事情から、ハクトを含むすべての参加チームが期限である2018年3月末までの打ち上げが困難となり、レースは勝者のないまま終了となりました。しかしこうした取り組みが続くかぎり、私たちが宇宙へと出ていくチャンスは今後ますます広がっていくでしょう。誰もが気軽に宇宙から地球を眺められるような時代が来たとき、これまでの宇宙飛行士たちがそうであったように、私たちはそこに国境線が見えないことをあらためて実感するのでしょうか。あるのはたったひとつの地球という奇跡の星だということに思いを致すのでしょうか。そんな日の来ることを心より願っています。

露久保由美子

オリヴィア・コスキー（Olivia Koski）
ニューヨーク大学で物理学とジャーナリズムを専攻。ウェブマガジン「アタヴィストマガジン」統括プロデューサーなどを経て，科学関係を得意とするイベント＆アトラクション会社「ゲリラ・サイエンス」のディレクター。ライターとしても活躍しており，ワイヤード，ポピュラーメカニックス，サイエンティフィック・アメリカン他に寄稿。

ジェイナ・グルセヴィッチ（Jana Grcevich）
ウィスコンシン大学マディソン校で物理学と数学を専攻。コロンビア大学で天文学博士号取得。アメリカ自然史博物館では矮小銀河の研究を行なうかたわら，高等学校科学教師養成のために天文学を教える。現在は同博物館併設のヘイデン・プラネタリウムでイベントを行なったり，天文学関連のさまざまなプロジェクトでアーティストとコラボレーションをしている。

露久保由美子（つゆくぼ・ゆみこ）
翻訳家。主な訳書に『［図説］100のトピックでたどる月と人の歴史と物語』（原書房），『「無敵の心」のつくり方』（クロスメディア・パブリッシング），『STARTUP STUDIO　連続してイノベーションを生む「ハリウッド型」プロ集団』（日経BP社），共訳書に『米軍基地がやってきたこと』（原書房），『インシデントレスポンス 第3版』（日経BP社）などがある。

太陽系観光旅行読本《たいようけいかんこうりよこうどくほん》

おすすめスポット＆知《し》っておきたいサイエンス

●

2021年12月28日　第1刷

著者……………オリヴィア・コスキー，ジェイナ・グルセヴィッチ

挿絵……………スティーブ・トーマス（Steve Thomas）

訳者……………露久保由美子《つゆくぼゆみこ》

本文デザイン・装幀……………佐々木正見

発行者……………成瀬雅人

〒160-0022 東京都新宿区新宿1-25-13

電話・代表 03-3354-0685

振替・00150-6-151594

http://www.harashobo.co.jp

印刷……………シナノ印刷株式会社

製本……………東京美術紙工協業組合

ISBN 978-4-562-05987-4, Printed in Japan

本書は2018年刊行『太陽系観光旅行読本』の新装版です。